相对论与引力波

新声·科普文丛

Relativity and Gravitational Wave

张轩中◎著

长江出版传媒
湖北科学技术出版社

图书在版编目（CIP）数据

相对论与引力波 / 张轩中著 . —武汉 : 湖北科学

技术出版社 , 2018.1（2019.11重印）

　　ISBN　978-7-5352-9735-8

　　Ⅰ.①相… Ⅱ.①张… Ⅲ.①相对论②引力波 Ⅳ.

① O412.1② P142.8

中国版本图书馆 CIP 数据核字 (2017) 第 240681 号

相对论与引力波

XIANGDUILUN YU YINLIBO

选题策划：何少华

责任编辑：高　然　彭永东　　　　　　　　　封面设计：胡　博

出版发行：湖北科学技术出版社　　　　　　　电话：027-87679468

地　　址：武汉市雄楚大街268号　　　　　　邮编：430070

　　　　　（湖北出版文化城B座13-14层）

网　　址：www.hbstp.com.cn

印　　刷：武汉中科兴业印务有限公司　　　　　邮编：430071

700×1000　　　　　　1/16　　　　　10.25印张　　　　120千字

2018年1月第1版　　　　　　　　　　　　2019年11月第2次印刷

定价：25.60元

本书如有印装质量问题　可找本社市场部更换

序一

2015年是爱因斯坦发表广义相对论100周年，也是美国的激光引力波探测器发现引力波的一年。引力波的发现，可以说又引起了一场新的科学革命。

张轩中原名张华，他2000年的时候从浙江省春晖中学考到北京师范大学读本科，那时候我正担任物理系主任，也在给大学生们开《从爱因斯坦到霍金的宇宙》的公共选修课，张轩中就来听我的课。过了几年，他写了他的第一本书《相对论通俗演义》，来找我推荐给出版社，我读了他的书稿后，就对他留下了印象。他从北京师范大学广义相对论专业研究生毕业以后，做了一段时间的科学仪器创新与研究工作，同时在业余时间继续从事科普创作，在清华大学出版社出版了《日出：量子力学与相对论》等科普书籍，再后来他到北京市科协的科普网站"蝌蚪五线谱"工作，创作了更多的科普作品。这10多年来，在科普创作中，他经常与我交流，我发现他是一个很有创作激情与才能的青年。现在他的新书《相对论与引力波》出版，我觉得这是他长期科普创作积累下来的又一个成绩。

张轩中在2016年的"引力波事件"中做了很多科普工作，他曾经在中国科学院上海天文台、北京师范大学、北京科技大学、浙江省春晖中学、天津市科协、内蒙古科技大学、重庆邮电大学、中国科学院高能物理研究所等做过"引力波"相关的科普讲演，听众很多。他对中国的引力波探测计划非常了解，也采访过相关项目的首席科学家，因此他与这些科学家也成了朋友。他的文章科学性强，做到了"权威而且有趣"，也得到了读者们的好评。

张轩中曾经就读的北京师范大学相对论小组是目前国内最强的相对论研究团队之一。它诞生于改革开放的初期。它的创始人刘辽教授1952年毕业于北京大学物理系，1957年被错划为"右派"。他在平反前的20多年中承受了巨大的政治压力和精神压力，正是在这样的逆境中他开始了自己的相对论研究生涯。他的思想在爱因斯坦的弯曲时空中游荡，那美妙的科学理论给他压抑的心灵带来了少许的安慰。即使在"文化大革命"的漫漫长夜中，刘辽先生仍在劳改的疲劳之后，继续广义相对论的钻研。

改革开放的春风，使刘辽先生获得了施展才华的机会，在天文系和物理系的支持下，他带领一批中青年教师展开广义相对论的研究，在全国各地举办广义相对论讲习班，并开始正式招收研究生，为广义相对论在中国的传播做出了重要贡献。刘辽先生也曾经带领我与桂元星做过引力波的研究工作，后来我们的研究成果发表在《北京师范大学学报》上。

1981—1983年，北师大相对论组的梁灿彬先生赴美追随国际著名相对论专家罗伯特·瓦尔德和罗伯特·盖罗奇教授学习广义相对论，把用整体微分几何表述的现代广义相对论形式引进中国。梁先生把大量精力投入到现代微分几何与广义相对论的教学中，对推动中国的相对论研究做出了重要贡献。张轩中在本科学习阶段就跟随梁先生学了"微分几何入门与广义相对论"课程，因此，作为一个科普作家与科学记者，张轩中的专业素养是够的。

张轩中正是在北师大相对论组的学术环境中成长起来的。张轩中在本书中介绍了自己参与引力波事件报道的一些细节，也透露了一些他本人掌握的"内幕消息"。对我来说，张轩中透露的这些消息也是很新的，所以，他是站在了"引力波"相关科学新闻最前沿的科普作家之一。

在本书的附录中，张轩中也写了自己青少年时代的经历，相信这些经历对现在的年轻人也是很有启发的。希望本书能引起青年读者对相对论与引力波的兴趣，也希望张轩中能在科普工作中再接再厉。

中国物理学会引力和相对论天体物理分会前理事长　赵　峥

北京师范大学物理系前系主任

序二

2011年9月到现在，已经过去整整5年了。5年前的那个夜晚，沉默的铁狮子坟夜色阑珊，月光皎洁，洒在北京师范大学的校道上。

兰惠公寓二楼的咖啡厅里，店长送走了当天的最后两位客人——又或者是第二天的第一批客人？毕竟已经过子夜零点了。

他们走出咖啡厅，并排而行，漫步在空旷校道上谈论着什么。也许那时候旁边学生宿舍里尚有失眠的女生，就能隐隐约约听到他们是在说着"共振""开普勒""赵峥老师"等莫名其妙的话。

是的，这两人，其中一个是我，另一个是我师父，张轩中。那时候他是一个执着研究量子引力、毕业后却在一家做质谱仪的公司上班的年轻白领，我是一个热情洋溢且刚刚高中毕业的生瓜蛋子。本来没有任何关联的两个人，出于对物理学的热爱联系在了一起，到现在，5年过去了。我把那一晚的情景，也记在《日出：量子力学与相对论》一书的序言里。

前段时间看到一部关于印度传奇数学家拉玛奴扬（Ramanujan）的片子《知无涯者》，不禁将自己这段岁月和他对比：拉玛奴扬到剑桥跟哈代（Hardy）也是5年，两个人也是师徒关系，也都是因为对某个领域知识的追求相聚到一起。当然，不同的是拉玛奴扬告别哈代没多久就死掉了；拉玛奴扬是人类历史上顶尖的数学家之一，而我也许对物理学毫无建树。因此我不想拿普遍的价值观来对比，只是相对于我自己来说，师父之于我，好比哈代之于拉玛奴扬。

此外，哈代和拉玛奴扬 5 年间合作了 28 篇文章。巧的是，师父和我在 2013 年出版了一本科普书——《日出：量子力学与相对论》。其实最开始我是一个读者，因为这本书写得很早，就是在 2011 年的时候，那时候他让我校稿和插图。我和师父的共同点之一，便是对物理学的历史极感兴趣。我时常把物理学的圈子和武侠小说中的江湖联系起来。等到我上了大学，这本书还没有完稿，师父就让我也在里面写一些东西。我记得在数学物理方法课上开小差，思索海森堡和玻尔的见面和谈话，然后就把这些写进了书里。我想着以我的功力，肯定要被删的，没想到师父却几乎都给我保留了下来。于是我成了第二作者。

师父对物理和数学有着特殊的偏爱，且他在物理上绝对是天赋极高的。可能是我比较愚笨，当初他教我的许多东西，只在脑海中剩下朦朦胧胧的印象。但是直到现在，我仍偶尔能够从这些片段中受益。比方说他曾经讲过做广义相对论的三重境界，当时我并不能理解为何"正质量定理"如此重要竟然是第二重？直到我现在上了研究生，慢慢地才也有了类似的感觉。还有他给我讲过的，如果遇到什么难题，就把它泰勒展开一下——就在刚刚，我想到了这个，然后解决了一个科研上的小问题。他还对数学有着特殊的感情，能够看见数学的美。在我上研究生的第一年，他让我打印了拉玛奴扬的一本《遗失的笔记本》，打算带着我仔细研读一番拉玛奴扬的数论，可惜后来由于我的缘故作罢。

师父把很多东西都写进科普里，用他独一无二的写作风格——生动、形象又发人深思的笔调。"学物理的人中文章写得最好的"应该是对他最恰当的评价。师父年少时在浙江长大，他的家乡离鲁迅的故乡很近。他说自己与鲁迅操着同样的口音，我想他们的写作风格也略有相近。可是我知道师父内心深处同时具有浪漫主义情结，他年少时候的偶像，是他另一位老乡——徐志摩（不过最近他已经不崇拜徐志摩了，虽然他还是有一些类似的单纯信仰）。也许正是因为有这种浪漫主义情结，所以他会在月光下与我谈物理，也会来一场说走就走的旅行。就像他有一次来辽宁看我，冷冷清清的校园里飘着细雨，他说这个地方很美，很像杭州的千岛湖。

我知道他一直不是很开心，也许是命运总喜欢和他开玩笑。他喜欢做学问，即使毕业多年也一直保持看书、推公式的好习惯。他对抽象的理论理解深刻，可是毕业以后却没有进入理论物理或者数学类的研究所。那几年，总是很难有机会看到他一展笑颜。突然有一次，他发现某类幻方矩阵的"神秘"性质（具体来说，就是他曾经发现如果把幻方看成矩阵，那么这个矩阵的最大特征值等于这个矩阵的迹），然后高兴了好几天。

我还记得他最开始教我广义相对论和量子力学，他授课的方法就是"寻找"。什么意思呢？比方说正则量子化方法，别人讲到这一节一般就是告诉你寻找对易子，引入普朗克常数。可是师父不一样，他会问我狄拉克当时是怎么想的呢？他说狄拉克首先想到泊松括号，然后迫不及待地回到图书馆等待开门去验证……他带着我一起重温量子力学最初建立时的惊心动魄，试图读懂当时的物理学家的思考方式。我想，"授人以鱼，不如授人以渔"便应该是这种方式吧。他适合做研究，适合做学问，不应该把才华浪费掉。所以当他转行成为科学记者，在内心深处我是为他感到高兴的。

我们都对物理学的故事感兴趣，进而是整个科学史。"悟已往之不谏，知来者之可追"，科学记者正是当代科学大事件的记录者。而师父又喜欢写作，也愿意聆听大家的故事。我记得第一次和师父去采访，是早在他成为科学记者之前。有一天他问我愿不愿意和他去采访爱因斯坦研究专家、《爱因斯坦文集》的翻译者许良英先生，我当然非常乐意！许良英先生的大名，我高中就在图书馆的一本书上看到过的。所以我连夜从东北赶到北京，协助师父完成采访。顺便一提，这次采访也是许良英先生一生中最后一次接受采访。

其实在这之前师父还采访过赵峥师父、梁灿彬师父以及范岱年先生。这些人的名字也许较少为普通大众知晓，虽然他们都是伟大的人物。因此我觉得师父的这些工作是非常了不起、非常有价值的。科学需要宣传，科学家也需要宣传。那些默默奉献了一辈子的人，历史应该记住他们。

在加入科普网站"蝌蚪五线谱"之后，师父如鱼得水，他用一连串的精彩文章打响了名头。从引力波到巨型对撞机，从吴岳良到丘成桐，他都采访过、写过，而且他几乎能引导科学舆论的潮流。师父的物理学背景使得他的文章真实、准确，而他深厚的文学素养又使之生动、有趣，简直绝配。最近一次我与他一起采访，是到清华大学采访数学家丘成桐。采访结束后，夜幕降临，华灯初上，我陪他从丘成桐数学中心出来，漫步在清华大学的校道上，谈论着刚刚采访中聊到的一些数学物理问题，时间一下子仿佛又回到了 5 年前的那个夜晚……

黄宇傲天

2016 年 9 月

目　录

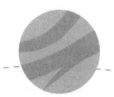

第一章

2016年引力波事件前夕

2016 年 2 月 11 日 (农历正月初四)，这是一个看起来很普通的春节，当时我一个人留在北京过年，并没有回到浙江老家去看望父母。为什么呢？因为我已经得到了内幕消息，多方消息源向我透露，这一天美国的激光引力波探测器即将宣布人类首次直接探测到了引力波。

表面上我是一个科学记者，在北京市科协的科普网站"蝌蚪五线谱"工作，但我已经出版了《相对论通俗演义》与《日出：量子力学与相对论》等相对论科普书籍，因此，实际上我是一个具有专业背景的科普作家。

因此，当有参与 LIGO 工作的内部人士向我透露这个"发现引力波"的消息的时候，作为一个曾经研究过一点引力波的科学记者，我预感到这一定是一个千载难逢的机会。

我准备提前动笔，把这个消息以适当的方式透露出去。这是我内心深处的秘密。（不过有的读者可能已经懵了，这相对论与引力波到底啥关系？简单地说，引力波是时空的震动，而相对论是描述时空运动规律的一种理论）

事情还要从 2015 年 12 月 4 日说起，那天早上，与往常一样，我来到"蝌蚪五线谱"网站上班。在工位上坐下来以后，我刚打开电脑，登陆了电脑版微信，就收到如下消息：

LISA Pathfinder successfully separated from the launcher and we established contact. Beautiful launch, everything is in perfect condition. Congratulations to the entire team!

这 LISA Pathfinder 到底是啥呢？

说起来普通老百姓肯定是不知道的，其实这是欧洲航空局发射的一颗科学卫星。欧洲航天局是与美国航天局 NASA 齐名的机构，发射过很多科学卫星，比如探测宇宙微波辐射的普朗克卫星。与它们比起来，中国航天五院与中国科学院发射的科学卫星在数目上要少一些，不过这个情况目前也正在改变之中，比如我国已经发射了"悟空号"暗物质探测卫星，"墨子号"量子通信实验卫星以及"实践十号"返回式科学实验卫星等。

话说回来，我微信上收到的那段英文的意思是：欧洲航天局的引力波探测项目 eLISA 正式开动了，成功发射了一颗叫作 LISA Pathfinder 的卫星。

eLISA 项目中的字母 e 其实就是 Europe，就是欧洲的意思，这个字母是后来才加上去的，原来这个项目叫做 LISA 。Pathfinder 则是"探路者"的意思。

eLISA 是一个空间引力波探测计划（与我们中国的空间引力波探测计划太极计划与天琴计划也差不多），因为美国航天局的退出，eLISA 的 3 颗卫星的制造、发射与运转由欧洲航天局独立承担，预计到 2034 年才发射完毕，该科学计划的名字也由 LISA 改成了 eLISA，真实的引力波数据接收也要推迟到 2034 年以后。

eLISA 计划主要由 3 颗相距 5 百万千米的航天器组成，它们在空间上构成一个等边三角形，航天器的轨道为行星轨道，与地球一起绕着太阳运动，落后地球 20°，通过对自由漂浮在航天器内、沿测地线进行自由落体运动的受检质量块之间的距离进行极端精确的测量可以探测到引力波。

eLISA 计划实际上在国际上早已经提出来了，当时是"只听楼梯响，不见人下来"。而 LISA Pathfinder 卫星的发射，标志着这一计划迈出了实质性的一步。

　　这个项目在中国引起的影响之一，则是中国科学院数学研究所的刘润球研究组，他们较早地参与到这个引力波探测事业中去。我认识从这个小组里走出去的很多研究人员，其中就包括后来去了德国爱因斯坦研究所的尚煜博士，他对 eLISA 项目的模拟数据分析有多年的研究经历。

　　不过在谈到尚煜博士之前，我必须首先介绍一下刘润球研究小组的基本情况。

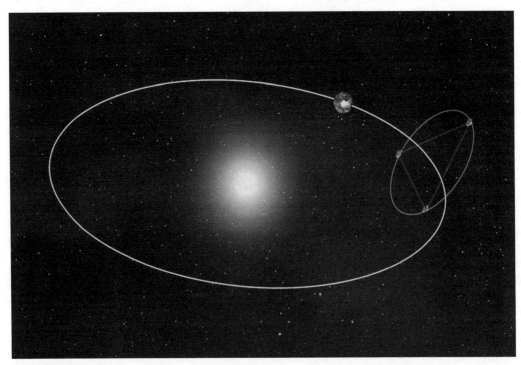

eLISA 计划的示意图

刘润球是一个50岁左右的研究员，他的老家在香港，曾在澳大利亚的新南威尔士大学读本科，后来去了牛津大学跟随著名相对论专家彭罗斯从事相对论研究，中途回到中国大陆，跟随郭沫若先生的儿子郭汉英研究员做研究，取得博士学位后留在科学院从事相对论相关的研究工作。

刘润球是一个颇有理想主义色彩的人，他当时带领一帮学生在比较困难的情况下从事黑洞理论与引力波的研究——因为当时的舆论氛围，其实是大家都不太相信引力波真的存在，所以相关的研究经费总是处于短缺的状态。

我从北京师范大学毕业后，也在这个小组旁听了一些数学物理类的讨论。具体来说，我大概是从2004年就开始与刘润球老师接触，一开始是想考他的研究生，后来则是每年圣诞节，他都会邀请我去参加他们研究小组的圣诞聚会，他也会邀请我参加他们研究小组的春游、秋游活动。记得有一次我们去了奥林匹克公园，还有一次我们去了八达岭长城。

刘润球在我的第一本书《相对论通俗演义》出版的时候，给我的书写了一个序文。

他是这样写的：

当张华邀请我为他的书作序时，我欣然接受。在中国，我们需要更多受过专业训练的科学工作者来投身于科普事业之中，因为只有如此，科学才能够更好地融入主流文化之中。我个人认为，科学不仅仅是人类发展技术、探索未知世界所倚重的一种方法，它更是我们的一种生活态度和思维方式。有一天当科学能够深深植根于传统中国文化，也许就是我们实现强国梦的时候。

本书伊始在回顾整个引力理论的发展的同时穿插了很多的人物轶事，之后作者以自己的视角介绍了其钟爱的旋量和扭量。通读全书，作者流畅的文笔和富有感染力的文字给我留下了极为深刻的印象，本书的写作风格将会有助于读者尽快地熟悉这一领域。相信本书会吸引一大批读者，尤其是那些希望能尽快对相对论有所了解的高中生和大学低年级的学生。

在最近30年中，随着相对论天体物理的迅猛发展，GPB实验技术的日益成熟，LIGO和其他地面探测引力波实验已开始读取数据，再加上极有发展前景的空间引力波探测实验LISA的开展和一些旨在验证爱因斯坦广义相对论理论的实验提案的相继问世，促使相对论的研究进入了一个崭新的时代，而整个学科面貌的改观又迫使理论工作者们越来越多地和从事天文物理、宏观量子力学、量子光学、计算物理、空间科学、统计学及实验物理的同事们进行交流和合作。

在未来的20年里，可以预见相对论将会与越来越多的学科交叉，蓬勃发展。

这个序文倒数第二段话说明在《相对论通俗演义》出版的2008年之前，他确实已经在搞引力波研究了。

2004年，刘润球在数学所的相对论研究已经开始有了一定的规模，但是学生还比较少，而北京师范大学作为相对论的传统名校，当时在梁灿彬与赵峥等人的教学下，培养了一批年轻的相对论学子，其中曹周键与龚雪飞就是北京师范大学的研究生。刘润球与北京师范大学物理系以比较开放的方式交流培养了这些年轻人。刘润球说："2003 年，曹周键第一次来找我讨论，我们谈了做数值广义相对论的事情。"

2004 年到 2005 年，曹周键与中国台湾成功大学的学者合作开始做数值相对论的模拟，简单来说，就是像码农一样写数值广义相对论的源代码，而龚雪飞则开始从事一些引力波模拟数据的分析。

刘润球说："其实早在 20 世纪 90 年代，我们就已经意识到数值广义相对论的重要性了，但一直找不到人来做。"而曹周键与龚雪飞等"北师大学子"的出现实际上弥补了这个需求。曹周

龚雪飞、刘润球、张轩中、徐鹏

键做了两个黑洞碰撞并合发出引力波的数值模拟，并且与来自加州理工学院的潘奕进行了研究结果的相互标定比对。

刘润球研究组已经初见规模，但研究经费并不十分丰裕，在丘成桐先生等人主导建立的晨兴中心与数学院的支持下勉强维持整个研究小组的日常运转，但偶尔也会陷入入不敷出的境地。

2007年10月，天气已经有点凉了。那时候美国航天局还没有退出LISA项目。一个名叫MLDC（Mock Lisa Data Challenge）的挑战赛在全球范围内征集研究组参加他们的数据分析挑战赛（这是我们国家第一次参与空间引力波探测计划的活动）。当时刘润球组的龚雪飞、尚煜以及南京大学的王奕一起组团参加了这个挑战赛。

但因为当时的王奕还在上研究生一年级，需要上课，无法来北京，于是龚雪飞与尚煜两人就来到了南京。

因为研究经费太少，无法承担长时间住宾馆的费用，南京大学的彭秋和教授帮尚煜在南京大学找了一间男生宿舍。而南京的紫金山天文台的倪维斗帮龚雪飞在紫金山天文台找了一间女生宿舍。

龚雪飞说："当时因为没钱住宾馆，我是背着棉被与褥子去的南京，后来住在紫金山天文台的女生宿舍，半夜里老鼠跑来跑去，吓死我了。"

这次挑战赛中，中国代表队取得了不错的成绩。挑战赛以后，王奕与尚煜去了德国的爱因斯坦研究所留学。

当2015年底LISA Pathfinder发射成功的消息出来后，我再次联系上了尚煜。因为我知道，尚煜以前在中国科学院数学所获得了一个博士学位，部分工作就是做 LISA 的模拟数据分析。

尚煜后来去德国的爱因斯坦研究所，又念了一个博士学位，专门做 LISA 的模拟数据分析——那是在戈尔姆的爱因斯坦研究所。

我本人则在 2005 年 10 月访问过德国的爱因斯坦研究所，那时候我还是一个研究生，我的论文导师是北京师范大学的马永革老师。那时候在德国的爱因斯坦研究所有一个圈量子引力的年会，我得到了德国爱因斯坦研究所的资助，第一次出

尚煜

国访问了爱因斯坦的故乡。因此，从某种意义上来说，我对爱因斯坦研究所有所了解，在那里我第一次见到了李斯莫林与罗维林等人，当然也包括艾虚特卡等圈量子引力的创始人。

尚煜告诉我，在 LISA Pathfinder 这次的发射中，这颗卫星将被运送到离地球 150 万千米第一拉格朗日点。作为未来要发射的 3 颗呈正三角形分布的 eLISA 卫星的探路者，LISA 探路者踏出了在太空观测引力波的第一步。

因为空间引力波实际上是要看空间距离的微小变化，因此 LISA 探路者在技术上要保证两个金铂立方体处于自由落体状态，并用激光干涉测量它们之间距离的微小变化。自由落体并不难，真正困难的是它们之间的距离测量要达到很高的精度（10^{-12} 米，原子半径都比这个数大 100 倍）。（据吴岳良院士的文章：LISA Pathfinder 的主要目的是检验 eLISA 的关键技术，包括检验微推进器和无拖曳控制技术；检测推进器、激光器和光学元器件等在空间环境中的寿命和可靠性。目前 LISA Pathfinder 检验效果较为满意）

当时尚煜还告诉我，地面的引力波项目也有了重要的进展。他说的地面引力波项目，当然就是指美国的 LIGO。

于是，我问他要了相关知情人的微信，准备进一步刺探 LIGO 的消息。这个行动看起来也许有点像那些做娱乐新闻的狗仔队，但我不得不这样做。因为我知道，科学新闻也需要有钻探精神，地面引力波如果真的被探测到，那么这个事情是划时代的，在这个历史事件中，我应该有所作为。

外一篇

不过，为了给读者普及一点基础知识，我们在介绍相对论到底是什么之前，我们先要介绍一下牛顿与马赫对引力的思考，总的来说，相对论也是描述万有引力的一个理论。

1687 年，牛顿 45 岁了，22 岁那年他发现了万有引力定律，那时候他是少年锋芒，现在则已经四十不惑，在这一年，他的《自然哲学的数学原理》一书正式出版。在这本书中，牛顿试图用旋转水桶实验论证绝对空间的存在——这是一个宏大的惯性参考系，在牛顿的心目中，这个宏大的惯性参考系为所有机械运动提供了运动的舞台——这个舞台被牛顿认为是刚性的，不会变化的。

不幸的是，这些观念其实是错误的，因为宏大的惯性参考系在物理上是不存在的，而且时空本身也不是刚性的，而是有弹性的——这个弹性就产生了引力波。

但是当时的牛顿还无法洞察到这一点，他虽然很牛，但也无法超越他的时代，这需要后来的爱因斯坦来完成。

牛顿在他的书中描述了一个装满了水的旋转的水桶，他认为旋转水桶中水面形状由平变凹，是由于水相对于绝对空间做加速运动而受到惯性离心力作用的结果，水面变形正说明了绝对静止空间的存在（见下图所示）。

（1）　　　　　　（2）　　　　　　（3）

牛顿水桶实验

牛顿看到水面的弯曲，他认为这是相对于绝对空间运动（整体的惯性参考系）而引起的。这一点朴素的思想在当时没有人敢怀疑，因为与牛顿争论具有高度的风险性。

但是，在 200 年后，奥地利有一个物理学家（其实也是哲学家）马赫认为，牛顿的说法是不对的，马赫说，水桶旋转的时候，水面变得不平坦，这是因为水在运动的过程中受到了全宇宙的其他物质对它的引力相互作用的拖曳。

马赫的说法就很有意思了，他有这样一个相互作用的观念，他认为，水面的变化，一定是受到什么力的作用了。

马赫和牛顿的观念，其实在数学上来说，是等价的。正如在高中物理中，我们可以在非惯性系中加上一个虚拟的惯性力，使得运动发生在惯性系里。

只不过，牛顿认为，惯性力是虚拟的，而马赫认为，惯性力是一种真实的力——那就是引力。

在马赫的思想里，隐约可以看到，惯性力与引力是等价的。

惯性力等价于引力这一启蒙思想，导致后来爱因斯坦把惯性与引力联系在了一起，从而发展出了广义相对论。

第二章

引力波流言甚嚣尘上

　　在 2015 年年底，关于 LIGO 到底有没有探测到引力波，科学圈里已经有了流言，这个流言的始作俑者之一，是美国的一个大学教授。这个人就是亚利桑那州立大学物理学家劳伦斯·克劳斯（Lawrence Krauss）。

2016 年 1 月 13 日，看起来与往常一样平静。我刚上班，就收到清华大学尹璋琦博士分享的一个消息：Rumor claims gravitational waves have been detected at LIGO，此文发表在 IFLSCIENCE 网站上，作者是史蒂芬·伦茨（Stephen Luntz）。

我与尹璋琦博士早就认识，在我还没有来"蝌蚪五线谱"工作之前，我在一家名叫普析的仪器公司做质谱仪与离子阱研究，而尹璋琦博士在清华大学的交叉信息中心，也就是图灵奖得主姚期智担任主任的实验室里工作，他们那里有很多离子阱。而我也对离子阱很有兴趣，于是曾经去清华大学看过那里的离子阱设备。当然在清华大学的交叉信息中心，离子阱一般是用来做量子计算的，而不是做所谓的质量分析。

尹璋琦博士在 2016 年 1 月 13 日提到的流言文章写得洋洋洒洒，主要内容如下。

劳伦斯·克劳斯发推特说："之前我关于 LIGO 的流言已经被独立的消息来源证实。敬请关注！引力波也许真的已经被发现了！好兴奋。"

这个消息是从 LIGO 内部泄露出来的，因为 LIGO 的工作组里面有 1000 多个人，他们人多嘴杂，虽然 LIGO 对重大消息的发布有严格的管控程序，但劳伦斯·克劳斯所称的"独立的消息来源"肯定不是空穴来风。

劳伦斯·克劳斯在美国是有名望的，有两个原因，据我的朋友——中国科技大学教授蔡一夫说：首先劳伦斯·克劳斯是亚利桑那州立大学宇宙研究中心主任，年轻的时候研究过弦论，他在基础理论粒子物理、天文学、宇宙学都做出过一系列贡献。另外一个原因是后来劳伦斯·克劳斯还做过一件事情，惊动了奥巴马总统——在美国南部有很多宗教学校，由基督教会出钱捐办，所以这些学校里依然还在讲授神学课程。劳伦斯·克劳斯就自费跑到那些学校，进行科普讲座。这些科普行为激怒了宗教极端分子，

劳伦斯·克劳斯因此受到了死亡威胁。后来事情闹
到了法院，奥巴马亲自过问，从国库中拨款，用金
钱支持劳伦斯·克劳斯的科普活动。

其实在劳伦斯·克劳斯的推特发布之前，我已
经在 2015 年的最后一天，也就是 12 月 30 日完成了
对 LIGO 项目组成员王龑的独家专访，请他谈了谈
LIGO 的工作原理。

王龑，1984 年出生于辽宁，南京大学天体物理
学士，德国爱因斯坦研究所博士，Stefano Braccini

LIGO 外观

Thesis Prize 奖获得者，在斯普林格出版图书 *First-stage LISA data processing and gravitational wave data analysis*。当时他在西澳大学担任研究助理教授。西澳大学是引力波研究的重镇，当时有一些华人科学家在那里研究引力波，包括赵春农、温琳清等人。

LIGO 实际上在美国的华盛顿汉福德（Hanford，Washington）与路易斯安那州各有一个激光干涉仪。所谓激光干涉就是让激光走不同的距离，先分开然后再汇合，看看这个过程中会发生什么变化。而为什么要在相距 3000 千米的地方建造两个探测器，目的是排除地震等干扰因素的影响（因为地震不太可能同时在这两地发生），并且通过两个探测器探测到引力波信号的时间差来估算引力波的速度（因为速度等于距离除以时间）。

其实，LIGO 的本质就是迈克尔逊干涉仪。

迈克尔逊干涉仪，在历史上曾经因为验证了以太不存在，从而导致爱因斯坦提出"在惯性参考系中光速是不变的"的基本原理，成为一个光学领域的经典仪器。在红外光谱领域，因为要检测一些有机物的分子光谱，也使用迈克尔逊干涉仪。

简单地说，这种干涉仪内部有两束光，如果这两束光走过的路程一样长，那么它们重逢的时候出现的干涉条纹中间是亮的，如果这两束光走过的路程不一样长，则出现干涉条纹中间部分就没有原来那么亮了。

通过检测干涉条纹中心的光斑亮度，引力波探测器 LIGO 可以知道光程有没有发生变化。当然在实际工作过程中，LIGO 的光路中光线还需要来回反射很多次，这样有效光路变长很多倍，能提高检测的灵敏度（精度）。

在实际的 LIGO 引力波探测器中，激光迈克尔逊干涉仪的干涉臂的臂长达到 4 千米，在多次反射后可以达到几千千米，这一干涉长度对引力波的中心频率为 100 赫兹的信号最为敏感。

那么，如此大的神器，到底是怎么造出来的呢？

LIGO 引力波探测器一开始是由美国麻省理工学院的物理学家韦斯（Rainer Weiss）开始构想出来的，这是一种基于迈克尔逊干涉仪原理的激光干涉方法的引力波探测仪器。早在 20 世纪 70 年代，韦斯的研究组就进行了原理样机的研制。

韦斯 1932 年出生于德国的柏林，他的父亲是一个物理学家，来自一个比较富裕的犹太家庭，但是他父亲后来背叛了自己的家庭，同时还娶了新教徒的女演员为妻，这就是韦斯的母亲。在希特勒上台以后，韦斯的父母来到了美国。他们能移民美国，据说是因为韦斯的父亲还具有医科的学历，这是美国所需要的职业。小韦斯来到美国后，与父母定居在纽约的曼哈顿。他从小就喜欢拆装收音机，而且他上高中以后经常进城去买一些雷达与变压器之类的东西，在家里做音响设备。可以说，韦斯在少年时代就是一个很杰出的工程师了。到了 1950 年，青年韦斯考上麻省理工学院这个著名的工科院校以后，他发现自己居然已经不喜欢工程学了，于是他去学习物理学，并且爱上了另外一所大学的一个舞蹈系女生，他从此经常去那个大学与女神厮混，很少再回麻省理工学院上课，直到他被开除。

韦斯的经历确实比较传奇，他被开除后，整天在麻省理工学院里游荡，遇见了一个做原子钟实验的老师，这个老师觉得韦斯是一个电子学的人才，置小节于不顾，聘用了被开除的韦斯，后来就让韦斯跟他读了研究生。于是，韦斯开始做起了原子钟。

做了几年原子钟后，韦斯对物理学的兴趣转移到了广义相对论，他于 1962 年去了普林斯顿大学读了一个相对论的博士学位。得到博士学位后，他回到了麻省理工学院，希望用实验的方法测量出牛顿引力常数是否随着时间变化（在本书的第九章，我们会提到中国做类似实验的研究小组），这个时候他需要用到刚被发明出来的激光器，所以，韦斯成了最早用激光器来做引力物理实验的人。

本来韦斯只是想做牛顿万有引力常数的测量，与引力波还没有什么关系，但是，学校安排他给研究生上一门课程，这门课程就是广义相对论，上课上着上着，韦斯发现，也许可以用激光来探测广义相对论中的引力波。

引力波其实可以引起空间体积的畸变，引力波对空间的影响就好像是用手捏一个气球，但保持气球的总体积不变，只是形状发生了改变。于是，韦斯开始考虑如何测出这个形状的改变，他马上想到了用激光干涉仪的办法。

到 20 世纪 70 年代后期，韦斯的研究小组建议建设一个大型的、数千米规模的激光干涉引力波探测器。美国国家科学基金会（NSF）建议由麻省理工学院和加州理工学院联合实施激光干涉引力波探测计划，并成立了由理论物理学家和实验物理学家：索恩（Kip Thorne）、德雷弗（Ronald Drever）、韦斯组成的指导委员会。他们三个人提出了一个较完整的实验方案，即建造臂长达 4 千米的两个激光干涉引力波天文台（LIGO），因此这三个人成为 LIGO 实验的联合创始人，学术界认可他们三个人是"LIGO 之父"，并且于不久前预测 2017 年的诺贝尔物理学奖会颁发给这三个人。

20 世纪 90 年代初，在美国国家科学基金会的资助下，由加州理工学院和麻省理工学院联合主导的 LIGO 实验正式开始建造。每个探测器由两个互相垂直的干涉臂构成巨大的 L 形，臂长均为 4 千米。从激光光源发出的光束在两臂交会处被一分为二，分别进入互相垂直并保持超真空状态的空心圆柱体内，再由放置在终端的镜面反射回到出发点，让两束激光发生干涉。引力波是一种横波，当有引力波通过时，两臂的长度会发生不同的变化：其中一臂的长度略微变长，而另一臂的长度就会略微缩短，由此造成两束激光的光程差发生变化，使得激光干涉条纹发生相应的变化。

整个 LIGO 的实验装置包括了激光（laser），功率回收镜（power recycling mirror），信号回收镜（signal recycling mirror），分束器（beamsplitter），输入端测试质量（input test mass），终端测试质量（end test mass），悬架（suspension），法布里伯罗腔（fabry-perot arm cavity），以及传感光电二极管（sensing photodiode）。

LIGO 激光干涉引力波探测器是目前地球上长度最长的地面引力波探测装置。除了 LIGO，在欧洲还有 Virgo，在日本还有 KAGRA 等规模小一些的地面引力波探测激光干涉仪，而且印度也将投资建设 LIGO-India 地面引力波探测激光干涉仪。

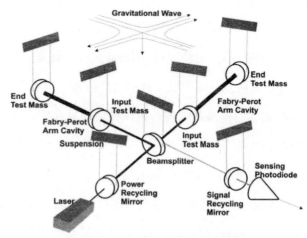

LIGO 引力波实验激光干涉原理示意图

那么为什么时空的扭曲振动会产生引力波呢？其实情况并不难以理解，正如一块钢板的振动会发出声音一样，时空的扭曲振动当然要发出"声音"。

当然，要听到时空的声音是很难的，引力波是很难探测到的。有一个广义相对论专家叫伯纳德·舒茨（Bernard Schutz），他曾在北京大学做学术报告时发表感慨说："我们花了几十亿美元找引力波，还是没找到，有时候我晚上睡觉想想，我怎么能和老婆睡自己床上呢？我应该睡监狱里啊。"

因此，当有流言说 LIGO 探测到引力波的时候，我非常想知道到底是什么样的天体物理行为引起了这次引力波的探测。

因为据我了解，在 LIGO 的探测精度内，大概有 4 个过程可以探测到引力波，第一种情况是致密双星的并合过程中发出的引力波，比如 1 ～ 100 个太阳质量的致密天体（如中子星、黑洞）之间的并合过程就发出这个频段的引力波信号；第二种情况是中子星的自转，当一个中子星的质量分布不对称的时候，它有一个随时间变化的四极矩，这个时候也会辐射出这个频段的引力波；第三种情况就是 burst 过程，就是一些短期的爆发源，比如超新星爆炸过程，时间很短，其引力波信号也很不规则，其频率也在 LIGO 引力波探测器的探测范围内；第四种情况就在宇宙学方面，早期的宇宙大爆炸会有随机的引力波背景，这个极早期的涨落现在比较难探测，但也在 LIGO 引力波探测器的探测范围内。

后来我从消息源那里打听到确切消息：LIGO 这次探测到的引力波来自两个黑洞的碰撞并合。但是，对于黑洞的质量与角动量分别是多少，我还不知道。

在另一方面，劳伦斯·克劳斯在推特上公开引力波被探测到的流言本身已经像引力波一样传播开来了。也有人激烈地批评劳伦斯·克劳斯的行为，一个圈内人如此评价道："如果是真的，你是想盗取他们的荣誉；如果是假的，你在伤害科学的可信性。真的好像是个双输的局面。让我说清楚：我认为推特上的物理学流言是最愚蠢的，而且对科学来说是最坏的。"

我并不想评价劳伦斯·克劳斯的行为，因为作为一个科学记者，其实我也有泄密的冲动。不过在这以前，我还是一个受到过专业训练的科普作家，因此我静下心来回顾了一下我个人的与相对论和引力波有关的一些思想细节。

事情还要从 1999 年说起。

外一篇

前面已经介绍了，引力波的本质是一种时空的扭曲振动，而对时空的描述需要用到爱因斯坦的广义相对论。

在这里，我们可以简单介绍一下广义相对论。

要理解广义相对论，需要首先理解"广义相对论原理"。而要理解"广义相对论原理"，则需要首先理解"狭义相对性原理"。

狭义相对性原理是这样说的："在所有的惯性参考系中，物理规律是一样的。"

从狭义相对论提出到现在已经有 110 多年过去了，现在看来，狭义相对性原理是很自然的想法。但别忘记了，在狭义相对性原理中，有一个概念叫做"惯性系"，这可不是一个自然的概念。

1905 年以后爱因斯坦在百转千回中决定抛弃惯性系这个概念。

因为大家都可以感觉到，在物理学里，惯性系是一个有特权的概念——惯性系就是静止的或者匀速直线运动的物体组成的，而"静止"与"匀速直线运动"又依赖于惯性系来定义，这些概念存在循环论证的逻辑，在物理上你根本无法确定一个物体到底是不是真的静止的或者是不是真的在做匀速直线运动。

爱因斯坦抛弃惯性参考系的朦胧想法类似于物理学的民主平等思想。物理世界应该是民主平等的，不应该存在具有特权的参考系（不应该存在惯性参考系）。

另外，爱因斯坦还有其他的隐忧。回过头看，牛顿的万有引力的大小依赖于两个物体之间的空间间隔，但在狭义相对论中，三维空间间隔不是一个不变量，参考系改变以后，这个空间间隔就变化了（这就是"尺缩效应"），于是依赖于空间距离的万有引力大小就变化，所以万有引力定律与狭义相对论的矛盾就显得水火不容。

万有引力定律对吗？狭义相对论对吗？爱因斯坦开始陷入了深深的思考。后来他意识到很重要的一点——应该抛弃惯性系了，他于是抛弃了惯性系。他也得到了新的原理，用现代语言来说，这个新原理有三种等价的表达：

1.广义相对性原理。

2.广义协变性原理。

3.微分同胚不变性原理。

在那时候，爱因斯坦提出了广义相对性原理："所有的参考系中，物理规律是一样的。"有了这样一个原理，爱因斯坦要做的事情就是重新思考一下万有引力了，他要做的很简单，就是要让万有引力理论不依赖于参考系。

1915 年 6 - 7 月，爱因斯坦在哥廷根做了 6 次关于广义相对论的学术报告。而到了 1916 年 3 月他完成总结性论文《广义相对论基础》，广义相对论正式地出炉了！

广义相对论的基本方程是爱因斯坦引力场方程

$$R_{\mu\nu} - \frac{1}{2}g_{\mu\nu}R = -\kappa T_{\mu\nu} \qquad (\mu,\nu = 0,1,2,3)$$

在四维时空下，如果不考虑对称性，由于下指标 μ 和 ν 各有 4 种取值方式，因此爱因斯坦场方程共有 16 个；即使考虑到 μ 和 ν 对称，也还有 10 个方程，因此求解非常困难。

爱因斯坦引力场方程的左边是表示时空弯曲的几何量：其中 $g_{\mu\nu}$ 是度规张量，可以衡量时空中两点之间曲线的长度，也可以衡量时空中的黑洞的面积等物理量，它相当于是时空中的一把尺，有了尺才能衡量距离；$R_{\mu\nu}$ 和 R 分别为里奇张量和曲率标量，它们是由度规及其一阶导数和二阶导数组成的非线性函数，它们刻画了时空中每一点附近的弯曲程度，因为爱因斯坦引力方程的基本思想就是物质引起时空弯曲，对时空的弯曲就需要这些数学函数来刻画。方程的右边是物质项，$T_{\mu\nu}$ 是能量动量张量，由物质的能量、动量、能流和动量流组成。式中常数

$$\kappa = \frac{8\pi G}{c^4}$$

其中 G 是万有引力常数，c 是真空中的光速。这个常数是如此之小，我们也可以从中看出：时空是很难弯曲的，只有巨大的能量动量张量，才能引起可观的时空弯曲。

爱因斯坦引力场方程的思想精髓众所周知：物质等于时空的弯曲。

爱因斯坦就是这样把物质与时空联系起来的。

第三章

估算引力波的频率

一

　　前面已经说过，我已经在 2016 年的年初提前知悉 LIGO 这次探测到的引力波来自两个黑洞的碰撞并合。但是，对于黑洞的质量与角动量分别是多少，我还并不清楚；对于这次引力波的辐射频率，我也并不清楚。

　　而两个黑洞碰撞并合的模型，在比较远的距离上，可以看成是一个双星系统。而对这个双星系统的回忆，对我来说，则可以追溯到我的高中时代。

　　1999 年，我在浙江省绍兴市上虞区的春晖中学读高中。

　　当时春晖中学的校长潘守理是一个奇才。我读书的时候，并不太晓得他到底有多厉害，只觉得他笑容可掬，而至于他到底懂多少物理，我是不确定的。潘校长工作很忙，是没有多少时间开课的，但他还是开了一门选修课，课程名字是"科学方法漫谈"。我选了他的这门课，去听了几次，就被深深地震撼到了，觉得校长的物理水平，那比其他人不知道高到哪里去了。比如有一次，校

双星绕转

长就讲到了爱因斯坦的等效原理，大意是说：在一个自由下落的电梯里的人，是感受不到地球引力的。所以在这个电梯里抛出去的一个苹果，在电梯里走的是一条直线。

当时的我，对卫星和万有引力的一些问题已经掌握得滚瓜烂熟，用左手就能写出牛顿引力方程，闭着眼睛就能写出圆周运动公式，可以说已经触碰到学术的天花板，但对校长这个时候讲的等效原理，却充满了好奇。这明显是在讲非惯性参考系，但校长同时说，这里面有爱因斯坦的广义相对论埋藏在那里。这使我觉得有些莫名其妙，爱因斯坦的广义相对论，我是不懂的。

后来潘校长在这门课程中还讲了一些等效质量的东西，尤其是他在双星系统中使用等效质量 $M = m_1 m_2 / (m_1 + m_2)$ 快速推出了双星系统的周期公式让我暗暗咂舌。这公式在引力波频率估算中十分有用。

我当时就被震撼到了！这是少年时代的我第一次在混沌的生活里遇见广义相对论的倩影，也间接促使我后来报考北京师范大学的相对论研究组。这种震撼埋藏在灵魂里，一直过了近 20 年，我发现双星系统的周期公式可以用到人类第一次探测到引力波的物理过程中——我可以拿它估算出引力波的频率。

根据牛顿万有引力定律，我们就可以计算出双星系统的频率。从物理上来说，我相信引力波的特征频率应该与双星系统的频率有整数倍的关系。

当然，我也知道，要精确估算两个黑洞碰撞并合所发出的引力波的频率，需要用到广义相对论（请参考本书最后一章关于啁啾质量的部分）。但是，作为一个科普作品，我可以使用牛顿万有引力作估计。

于是，我一边打探消息，一边则动手用牛顿万有引力推导引力波频率的近似公式。自然，对我来说，这只是高中物理，并不十分艰难。很快，我就有了结果。

2016 年 2 月 7 日，也就是在 LIGO 正式开新闻发布会宣布探测到引力波的前 4 天，我在"蝌蚪五线谱"上发表了一篇文章，谈论用双星系统来估算本次引力波频率的事情。

当时已经有部分科学媒体透露出本次引力波碰撞并合的两个黑洞的质量了，具体信息如下：

激光干涉引力波天文台（LIGO）一直被传发现了引力波信号，更细节的内部消息今天被透露出来：2 月 11 日的 *Nature* 上将发表这个结果，5.1sigma 置信度，看到两个分别为 36 和 29 倍太阳质量的黑洞并合为 62 倍太阳质量黑洞，甚至看到了并合的过程，最终成为克尔黑洞。传播速度跟光速一致！

如果上面说的黑洞质量是真的——36 与 29 的差距不是很大，那么用高中物理知识关于双星绕转的物理计算，我也就可以推出引力波的频率。整个推导过程很是简单。

设两星的质量分别为 m_1、m_2，轨道半径分别为 r_1、r_2，运行周期为 T。

对 m_1 的运行有：$G\dfrac{m_1m_2}{\left(r_1+r_2\right)^2}=m_1r_1(\dfrac{2\pi}{T})^2$，

对 m_2 的运行有：$G\dfrac{m_1m_2}{\left(r_1+r_2\right)^2}=m_2r_2(\dfrac{2\pi}{T})^2$，

依题意有：$r_1+r_2=r$，

解以上三式得：双星系统的总质量为 $m_1+m_2=\dfrac{4\pi^2r^3}{GT^2}$。

当然，有的读者可能水平很高，还能用我上面提到过的所谓"等效质量"来做上面这类双星绕转的问题。

有了这些基础，当时我就在家里的白板上写出了双黑洞绕转辐射出引力波频率公式：

$$T = \frac{2\pi R}{c} \qquad\qquad R = \frac{2GM}{c^2}$$

$$= \frac{4\pi GM}{c^3} \qquad\qquad M = m_1 + m_2$$

$$\qquad\qquad\qquad = 29M_0 + 36M_0$$

$$f = \frac{c^3}{4\pi GM} \qquad\qquad \rightarrow 62M_0$$

在上面的公式中，c 是光速。

那么剩下的问题就是，这两个黑洞的距离 R 是多少？

这个嘛，在发出引力波的时候，这两个黑洞的距离是非常近的——就接近于是"相切"的。你可以把它们想象成一个篮球与一个足球放在一起，相切了（如下图）。

用篮球和足球模拟两个黑洞

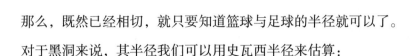

那么，既然已经相切，就只要知道篮球与足球的半径就可以了。

对于黑洞来说，其半径我们可以用史瓦西半径来估算：

$$R = \frac{2GM}{c^2}$$

在这个公式里，R 是黑洞的半径，G 是牛顿引力常数，M 是黑洞的质量，c 是光速。

这样你就可以算出黑洞的半径了，我们大概可以估算出 1 个太阳质量的黑洞其半径大约是 3 千米（不要与我争论说 1 倍太阳质量的恒星是不能形成黑洞的，只能形成白矮星什么的，这里只是讨论方便而已，不影响物理实质），那么对于质量为 62 倍太阳质量的黑洞其半径就是 62 乘以 3 千米，那就是 186 千米。

然后呢？当然一个质量为 29 倍太阳质量的黑洞与另外一个质量为 36 倍太阳质量的黑洞相互在绕转，如果它们是相切的，那么它们之间的距离差不多也就是 186 千米。

那么，怎么估算出它们辐射出来的引力波的频率呢？

现在我们有了一个长度量纲的数值 186 千米，还需要一个速度（因为长度除以速度等于时间），才可以算出时间（时间的倒数就是频率），所以我们需要估算出黑洞相互绕转时候的速度。黑洞表面，任何东西的速度都是接近光速的！所以我们把速度用光速来代入，就可以得到我在白板上左上角写的公式了。

$$T = \frac{2\pi R}{c}$$
$$= \frac{4\pi GM}{c^3}$$

其中第 1 个等号是黑洞做圆周运动的周长除以速度得到的时间，第 2 个等号是把史瓦西半径代进去了。这就是一个黑洞绕另外一个黑洞以光速公转的时候所需要的周期。

然后呢？

周期的倒数就是辐射出来的引力波的频率了吗？是的，这个虽然是估算的，但在数量级上是对的，这次黑洞辐射出来的引力波的频率大概是 100 赫兹这个数量级。

这个 100 赫兹就是我给出的引力波辐射频率的数值估计。

在这个估算中我用到了最简单的黑洞的半径公式，这种黑洞是球对称的，被称为史瓦西黑洞。史瓦西黑洞在引力半径 $R=2GM/c^2$ 处，形成一张奇异的表面，在 $R=0$ 的中心处，存在一个奇点。

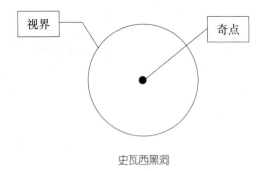

史瓦西黑洞

这张奇异的表面，就是黑洞的边界，物理学家称其为视界。视界以内的任何东西（包括光）均不可能跑出视界，也就是说，黑洞内部的东西都跑不出来。

在这里其实可以回顾一下"量子力学之父"玻尔在搞量子理论的早期给出的对应原理。因为我在上面考虑引力波的频率问题的时候，其实也用了类似的思路。

玻尔年轻的时候，为了解决了氢原子的能级问题，他做了一个很有趣的推导，他的推导过程也只用到了简单的高中物理。但他的思路是非常自然的，不会让任何人觉得吃惊。这个思路的核心就是所谓"对应原理"。实际上，对后来者来说，对应原理是一个真正的物理方法，换句话说——这是物理学家做事情的一般方法，先假设，再求证。

在玻尔的原子模型里，电子在不同的圆轨道上运动，这些不同的轨道按照它们离圆心的距离远近不同可以用自然数 n 来标记。熟悉量子力学发展历史的读者们一定要注意了，其实电子的这种圆轨道是不存在的，但物理学家不可能先验地知道轨道不存在，所以，玻尔的思路是非常完整的。在经典力学里就可以知道，不同轨道的能量不一样，可以把第 n 个轨道的能量记为 $E(n)$。

因为 n 是一个整数，所以 $E(n)$ 是一个未知的数论函数。

玻尔接下来做了一个假设，他假设电子可以在不同的轨道之间相互跳跃，这被称为跃迁——类似于股票市场中的那种"跳空高开"或者"跳空低开"。打开任何一个股票交易软件，比如说某天的上证指数到了收盘的时候已经有了一条轨道，假设收盘在 2890 点，那么，第二天早上开盘不一定是在 2890 点，有可能跳空高开，比如在 2920 点开盘。

电子的轨道也是如此，从能量高的轨道跳到能量低的轨道，电子的能量肯定要释放出来，这就满足如下的能量守恒方程。

$$E(n+m)-E(n)=hv(m,n)$$

这是一个函数方程，$v(m,n)$ 表示光谱的频率，但方程的左边是电子的能量差，所以这方程里有电子与光子两个物理对象，这是不太自然的，如果只有一个物理对象，那么情况会好很多。这实际上类似于 $F(n)+F(n+1)=F(n+2)$ 这样的被称为斐波那契数列的函数方程。斐波那契数列函数方程的目标是求出 $F(n)$ 的表达式。同样道理，玻尔也希望求出 $E(n)$ 的表达式——这个表达式与整数 n 有关系，具有能量量纲。

再仔细看一下这个方程：

$$E(n+m)-E(n)=hv(m,n)$$

这个方程的左边是 2 个能级之间的能量差，而右边是放出光子的能量。这个方程可以解释世界上所有的线光谱，所以，求解它显得尤为重要。

这个方程的右边是可以观测的，就是光的频率（波长可以通过用正弦机构带动旋转的光栅组成的单色器测定，频率是波长的倒数）。但左边是不能观测的电子的能级。求解的关键自然在于确定右边的函数形式。

这个时候，$v(m,n)$ 的表达式是不能通过眼睛看出来的，必须要有一个理论假设来支撑它。玻尔他使用了如下的假设，被称为对应原理：当 n 很大同时 m 很小的时候，$v(m,n)$ 作为放出光子的频率等于电子在圆周轨道上运动的圆周运动频率的 m 倍。

高中生都知道，一个电子做圆周运动的时候，它的角频率是圆周运动的速度和半径之比。为了计算方便，可以取 $m=1$，那么我们可以得到

$$E(n+1)-E(n)=hv(1,n)$$

对应原理是说：$\lim\limits_{x\to\infty}(E_{n+1}-E_n)=hv$

其中 v 是经典圆轨道的频率，这个频率是和能量 $E^{\frac{3}{2}}$ 成正比的（高中物理）。

所以，我们有如下表达式：

$$\lim\limits_{x\to\infty}(E_{n+1}-E_n)=CE_n^{\frac{3}{2}}$$

其中 C 是比例系数，是常数。

也就是说 E_n 对 n 的导数正比于 $E_n^{\frac{3}{2}}$，可以推出，E_n 正比于 n^{-2}。这样玻尔就解出了氢原子的能级表达式。

对应原理解出的氢原子的能级非常符合观测到的光谱数据，所以，这个原理成为思想的利器。玻尔在这个时候开始成为一位真正的物理学大师。真正的物理学大师不需要太多的数学，只需要在非常恰当的时候做出一些恰如其分的物理假设。在这个故事里，玻尔为了解出一个函数方程做了一个当 n 无穷大情景下的渐近假设，这个假设看起来也是非常合理的，因为他只不过要求一个量子系统在量子数很大的时候非常接近经典系统。

因此当时玻尔的原子模型里，核外电子辐射出光子的频率就等于经典模型中电子绕原子核公转的频率的整数倍。

所以，在估算引力波频率这个事情上，我其实也借鉴了玻尔的思想。当时我是这样看这个问题的，黑洞绕黑洞辐射出的引力子的频率也等于它们绕转频率的整数倍，当然最简单的时候就是 1 倍，也就是直接相等。

所以，我估算出了两个黑洞相互绕转的引力波的频率的计算公式：

$$f = \frac{C^3}{4\pi GM}$$

如果把公式中的质量 M 用 62 倍太阳质量去代入，就可以算出引力波频率在 100 赫兹这个级别。

外一篇

在这里，我想给大家稍微解释一下黑洞一开始是怎么被猜到可能存在的。

最早预言黑洞的人是法国的数学家拉普拉斯。拉普拉斯生活在距今 200 多年前的拿破仑时代，他在拿破仑的宫廷做过行政工作。拿破仑也是一个数学爱好者，他曾经提出过一个拿破仑定理，是很有点意思的。定理说，任何一个三角形，各边上各作等边三角形，接下来将这三个三角形的重心连接起来，那么就必定是一个等边三角形。当然拉普拉斯的数学才能，远过于拿破仑，以他的名字命名的偏微分方程可以刻画牛顿万有引力的势能函数在空间所满足的性质，这就是拉普拉斯方程。

拉普拉斯也搞点物理，他当时发现宇宙中最大的星有可能是看不见的。星球越大，万有引力也越大，上抛物体逃离星球就越困难。当引力大到连光也会被拉回来的时候，外界的人就无法看到这颗星了。

拉普拉斯等人根据万有引力定律和能量守恒定律，做了简单的计算。他们用 $\frac{1}{2}mc^2$ 表示光子的动能（今天我们知道光子动能应是 mc^2），然后再加上牛顿引力势能部分，就可以给出光子的总能量。如果光子的总能量小于 0，则表示不能跑到无限远，光子就会被这个星体的引力场给束缚住。

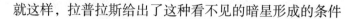

就这样，拉普拉斯给出了这种看不见的暗星形成的条件

$$r \leqslant \frac{2GM}{c^2}$$

其中，r、M 分别是星球的半径和质量，G 是万有引力常数，c 是光速。这就是说，半径 r 小于 $2GM/c^2$ 的星球，发射的光会被自己产生的万有引力拉回去，因而是看不见的。

这个推导过程是错的，从今天看来，拉普拉斯犯了两个错误：他把光子动能 mc^2 错写成了 $\frac{1}{2}mc^2$，另外一个错误是时空是弯曲的，他没有计算时空弯曲的效应。他的两个错误相互抵消，最后居然得到了正确的结果。

第四章

在"赛先生"抢发引力波新闻

前面已经说到，2016 年 2 月 7 日，当时我已经估算出了流言中的本次引力波的频率，可以说是度过了一个紧张又忙碌的春节。2016 年的春节对我来说是一个很特殊的节日，因为我还做了另外一件事情。那就是在 LIGO 宣布探测到引力波之前，我抢先在微信公众号"赛先生"上发布了这个新闻。

"赛先生"在当时是一个很有影响力的科学传播类微信公众号。具体来说，"赛先生"是由上海百人传媒投资和创办，由文小刚、刘克峰两位世界著名科学家担任主编的微信公众号。

当时，上海百人传媒的法人代表是张赋宇，曾经是一名财经记者。

我与张赋宇一起跟一些科学家吃过饭，所以对"赛先生"的运作机制也有所了解。"赛先生"的编辑部以及专家委员会里面有很多人都是我的朋友，因此在 LIGO 发现引力波的新闻发布会召开之前几天，"赛先生"编辑部主任邀请我去采访当时的北京师范大学天文学系主任朱宗宏以及国家天文台研究员苟利军。

作为一个相对论专业毕业的人，当时我已经感受到内心深处强烈的冲动，我知道引力波被发现是一个彪炳青史的历史重大事件。于是我愉快地接受了"赛先生"编辑部主任的采访邀请——虽然我在北京科协的"蝌蚪五线谱"工作，但因为当时是春节期间，所以我可以用我的假期时间为"赛先生"工作。

我个人与朱宗宏教授也有渊源，起因在于我出身于北京师范大学物理系的相对论研究小组，而这个组创始人刘辽先生是朱宗宏的硕士导师，因此朱教授其实是我在学缘上很近的学长。

朱宗宏教授曾在日本国立天文台的引力波探测项目 TAMA300 工作多年（那是一架臂长为 300 米的激光干涉仪），目前参加日本后续项目 KAGRA（这

是位于神冈的臂长为 3200 米的大型低温激光干涉仪，项目负责人是 2015 年诺贝尔物理学奖得主梶田隆章 (Takaaki Kajita)）。因此，他是国内为数不多的参与过引力波项目的专家，虽然他本人没有参与 LIGO 项目，但他的好几个学生比如范锡龙、明镜等人就是 LIGO 项目组的成员。

我与"赛先生"编辑部主任在大年初二的上午来到冷清的北京师范大学天文学系。北京师范大学的天文学系与物理系是同一栋楼，这里是我曾经求学的地方，一切都显得那么地亲切。

北京师范大学天文学系

　　朱宗宏教授热情地接待了我们（后来他多次邀请我参加他在北京师范大学举办的引力波活动）。他说 2015 年年初他访问加州理工学院陈雁北教授（参与 LIGO 项目的资深专家）时，曾与他共同商讨在北京举办大型国际引力波活动 The Next Detectors for Gravitational Wave Astronomy，当时就发现加州理工学院的专家们已经开始专门开会商量 LIGO 发现引力波后的应对策略了。

　　随后，朱宗宏教授还跟我聊了很多关于他在日本的引力波研究组工作的事情，同时他也强调，北京师范大学的毕业生在引力波探测事业中是真正冲在第一线的。

　　另外，朱宗宏还介绍了另外一件事情：在 LIGO 还没有升级改造的时候，LIGO 管理层主管在数据分析科学家不知情的情况下，输入了一个约 6000 万光年之外的两颗中子星碰撞并合的模拟信号。不知情的数据分析科学家们从引力波信号波形的分析中找到了这个事件——这说明在 LIGO 升级之前，引力波信号波形的分析技术已经成熟——此路可以走通，这无疑是一个巨大的鼓舞。

　　但这还远远不够。朱宗宏教授介绍道："初期 LIGO 的精度是 10^{-22} 量级，对于 4000 米的干涉臂来说，相当于可以检测出千分之一质子大小的距离变化，这个精度是相当高的（注：质子的大小是 10^{-15} 米）。"2015 年 9 月，升级后的 LIGO 精度进一步提高到了 10^{-23} 量级，相当于可以检测出万分之一质子大小的距离变化。

　　因此，如果一个孩子的身高是 1 米，那么当引力波过来的时候，他的身高会被拉长 10^{-22} 米，这个拉伸量是很小的，所以我们人类不会有什么感觉。

当天上午采访完朱宗宏教授后，朱教授开车把我们送到了积水潭地铁站。因为当天下午我们还要去南城，采访国家天文台研究员荀利军。

荀利军在美国宾夕法尼亚大学得到博士学位后，曾在哈佛大学做博士后研究。他是一位十分谦逊的学者，后来也成为我的朋友。同时，他也是由我负责召集的"蝌蚪五线谱"专家委员会的成员。

我们与荀利军是在南城的一家咖啡馆里见面的。我当时最想知道的问题是，本次引力波事件中，并合后的大黑洞角动量有多大——这个黑洞旋转得有多快？

一般来说，一个旋转的黑洞叫做克尔黑洞，它周围的时空就是克尔时空。当考虑在克尔时空外部有一个粒子做自由落体运动——也就是走测地线的时候，我们如何来解出这个测地线就成为一个有趣的问题。从数学上来说，我们需要运动常数（守恒量）来列出方程。对于克尔时空来讲，最重要的性质之一在它那里存在一个凯林张量，这个凯林张量是一个(0,2)型的张量。它的存在，将使得克尔时空中的自由下落粒子，沿着这个粒子的世界线看，它的能量是运动常数，它的角动量也是运动常数，它的质量是运动常数，还有一个运动常数就是这个凯林张量场与粒子的四速的平方相互缩并得到的，著名相对论专家彭罗斯称之为卡特常数。有了这四个运动常数以后，就可以求解出克尔时空中的测地线方程了。

问题的关键在于，这个测地线在微扰的情况下并不是稳定的。在真实的黑洞附近，这对应着一个围绕着黑洞旋转的物体，它本来是走一个接近椭圆的轨道，但是，只要有一个灰尘掉在这个物体上，这个物体的运动轨迹就会被破坏，它可能一头掉进黑洞里，这就是微扰不稳定性。

原因其实也很简单，就是因为在牛顿引力中，引力的大小与距离的平方成反比，这被称为平方反比律。然而，在黑洞附近，引力的大小与距离函数关系已经不是平方反比，所以也就不存在稳定的轨道了。

科学家把黑洞外面离黑洞最近的稳定轨道称为"最内稳定轨道"，通过观测这些"最内稳定轨道"，就可以反推出黑洞的自转。这是苟利军老师告诉我的。

因此，"最内稳定轨道"是只有在广义相对论中才会出现的名词，这个值和黑洞自转有关，自转越快，这个稳定轨道的最小值就越小，轨道半径与黑洞的自转有下图的关系：

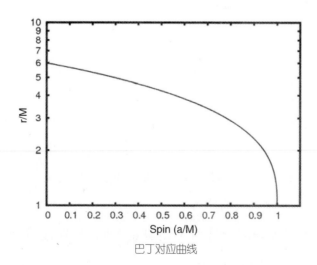

巴丁对应曲线

图中的纵坐标是"最内稳定轨道"的半径（这里使用了自然单位制，$r=GM/c^2$），而横坐标表示黑洞的自转。

苟利军说："一般黑洞是旋转的，我们称之为克尔黑洞。克尔黑洞的角动量可以通过围绕其公转的粒子的最内稳定轨道来推定，最内稳定轨道的半径与克尔黑洞的角动量之间存在一条巴丁对应曲线（注：这位巴丁的父亲是超导 BCS 理论中的 B，其父亲得过两次诺贝尔奖）。由这一对应曲线，我们可以知道克尔黑洞的角动量，这是对传统黑洞的角动量的经典研究方法，对于目前 LIGO 探测到的合并后的黑洞的角动量，则需要从引力波信号波形中进行提取。"

苟利军向我透露，其实 LIGO 探测到的引力波揭示出合并后的 62 个太阳质量的黑洞具有中等数值的自转角动量。这一自转角动量用无量纲数 $a*$ 来表示，当 $a*$ 为 0 的时候表示黑洞不发生自转，而 $a*$ 等于 1 的时候表示黑洞是一个极端黑洞（不能转得更快了，否则就会出现裸奇点，这里涉及彭罗斯的一个数学猜想，叫做宇宙监督假设，有兴趣的读者可以参考我写的科普书《相对论通俗演义》）。

至于具体这个 $a*$ 等于多少，我到第 2 天才知道等于 0.67。

四

采访完这两位科学家后，我连夜创作了关于引力波的科普报道，并且与赛先生编辑部讨论后，我们决定，在 LIGO 的新闻发布会之前抢先发表这篇文章——这样才可以引起巨大的反响。

于是，我们在北京时间 2016 年 2 月 11 日清晨 6 点多在"赛先生"发表了我的署名文章《人类将首次直接探到引力波：双黑洞碰撞并合引发》。

此文一经推送，就得到了很多媒体的转载。比如门户网站新浪就转载了此文。很多老百姓在新浪上看到这个文章觉得莫名其妙，因为美国的新闻发布会还没开始，我们已经把消息发布出来了。因此他们纷纷表示"小编穿越了！"

在我们的文章发表后短短1小时内，就产生了几十万的点击量，科学圈已经完全被这个消息所覆盖。因为是抢发，所以编辑部受到了一定的舆论压力，于是选择在两小时后在"赛先生"平台上撤下了这篇稿子。但是，这篇文章早已经传播出去了，因为在这个自媒体时代，消息的传播途径实在太多了。

我们的文章撤下来后不久，也就是美国当地时间2月11日上午10点30分（北京时间2月11日23点30分），美国国家自然科学基金会携加州理工学院、麻省理工学院和LIGO科学合作组织（LSC）的专家向全世界宣布，美国的LIGO（激光干涉引力波观测站）首次直接探测到了引力波，其波源来自13亿光年之外的遥远宇宙空间，由两个黑洞碰撞并合所引发，造成此次探测到的引力波是两个分别为29倍太阳质量与36倍太阳质量的黑洞并合形成一个62倍太阳质量的黑洞所形成的。

这件事情显然取得了非常惊人的传播效果，很多人都因此记住了我的笔名张轩中。从这一天开始，邀请我去做科普讲演的单位多了很多，印象最深的一次是我也回到了我的高中母校春晖中学，做了一次关于引力波的科普讲座……

当地的媒体这样报道我的科普讲演：

为弘扬春晖文化，促进"人文上虞"建设，日前，我区邀请青年科普作家张轩中走进春晖讲堂作题为《引力波的科普与中国引力波探测事业现状》的讲座。

据悉，"春晖讲堂"是我区为打造"春晖文化"特色品牌而推出的学术性文化交流平台，旨在更好地传承、发扬春晖文化，促进时代文化的交流与融合。此前已陆续邀请中国作家协会书记处书记、中国报告文学学会副会长张胜友，中国科学院院士、材料科学家曹春晓，全国劳动模范、省功勋教师、特级教师吴加澍等多位名家大师来虞交流授课。

在此次演讲中，张轩中以一个科学大事件观察者的角度分析了"太极计划""天琴计划""阿里计划"所需要面对的现实问题，揭示了引力波事件在中国社会文化层面所引起的结构性变化。同时，运用各类通俗易懂的比喻、实例，深入浅出地讲解了我国当前关于引力波方面的研究现状，令全体到场师生不仅开阔了眼界，更提升了对"万有引力"这一高深物理知识的认知，受到了大家的一致好评。

据了解，张轩中原名张华，2000 年毕业于春晖中学，曾参与北京市科委液质三重四极质谱仪器开发项目、科技部重大科学仪器开发项目，是当今较有影响力的 80 后青年科普作家，著有《相对论通俗演义》《日出：量子力学与相对论》《魔镜：杨振宁、原子弹与诺贝尔奖》等著作，开辟了科普小说写作新体裁。此次走进母校作客"春晖讲堂"，张轩中表示非常高兴，他说："春晖中学是百年名校，春晖学子的身份是我一辈子的精神财富。"

外一篇

在本节中,我们讲到了旋转的黑洞,也许我们可以谈论更多……

在现实的宇宙中,几乎所有的黑洞都是在旋转的。旋转的黑洞带动周围的空间扭转起来。从数学上来说,描述它需要使用爱因斯坦引力场方程的克尔解。旋转的黑洞周围的时空就被称为克尔时空。不旋转的球对称的黑洞周围的时空是叫做史瓦西时空。

我在北京师范大学引力组读研究生的时候,有时候会幻想自己像青年时代的钱德拉塞卡(天体物理学家,黑洞观念的鼻祖)一样,坐在从印度到英伦的邮轮之上,在夕阳的红晕之下远行,带上一本钱德拉塞卡写的关于黑洞的书,在漫漫旅途里欣赏海鸥在天边飞行。也许会惊叹,世界竟有如此美妙的风景,也许同时会感喟,每一只海鸥都是死去水手的灵魂。

如果翻开钱德拉塞卡的书《黑洞的数学》,可以看到前面的一页里印着两张照片。其中一张照片是史瓦西的,另外一张就是克尔的。

如果问1963年以后的经典广义相对论工作者,从1916年广义相对论诞生到1963年,最激动人心的事件是什么?答案很可能就是克尔解的发现。1963年之前的广义相对论研究,已经濒临死亡,因为它似乎不能描述现实中的物理情况。

从数学角度来说,寻找爱因斯坦引力场方程的轴对称解,需要的是专业知识和高超的数学技巧,这部分技巧还没有被当时的物理学家们掌握(包括恩施特方程一类的数学技巧,与偏微分方程组有关)。

而现实的物理世界告诉我们,宇宙间好像没有不自转的星体。在我们的太阳系这个尺度上,所有的星体全在自转,包括太阳、地球、木星,以及月球等。因此,如何描述一个转动的时空是一个基本的问题。

　　1963年有一个相对论专家和天体物理学家的交流会，这个交流会共7天，每天从早上8：30到次日凌晨2：00。克尔（Kerr）是新西兰数学家，他当时是美国空军一个研究室的研究员，他在那里做了一个10分钟的演讲。他一上台，天文学家和天体物理学家们就没有几个留下的，即使留下来的也都在小声讨论着自己的话题，还有的就是在打瞌睡。

　　克尔报告了自己发现的一个新的爱因斯坦引力场方程的解。克尔的解，描述了黑洞作为一个定向陀螺如何带动周围的时空旋转。这是相对论历史上真正意义上的进步。在克尔黑洞附近的行星轨道肯定不是一个椭圆，这个轨道上有一个额外的守恒量，这个守恒量被称为卡特运动常数，详见《相对论通俗演义》。这也就是我要去采访苟利军研究员，问他引力波事件中关于黑洞的转动角动量的根本原因。

第五章

霍金与丘成桐

　　在 LIGO 宣布发现引力波后，非常活跃的霍金老师也发表了一个简单的声明。那个时候，霍金已经在我们中国的新浪微博上开了自己的微博，但这个声明并不是在新浪微博上发出来，所以关注到这件事情的人很少。但出于一个职业的科学记者与科普作家的新闻敏感性，我却很快掌握到了这个信息。具体的新闻可以查看这个外国的新闻网站：

http://www.lidtime.com/professor-stephen-hawking-s-thoughts-on-ligo-and-the-discovery-of-gravitational-waves-8459/

Professor Stephen Hawking's thoughts on LIGO and the discovery of gravitational waves

STEVEN NEWMAN   FEBRUARY 13, 2016

外国新闻网站截图

其中引用了霍金的原话：

" The area of the final black hole is greater than the sum of the areas of the initial black holes as predicted by my black hole area theorem", he said.

我们可以稍微解释一下霍金的这句话是什么意思。LIGO 实验文章中提到其数据拟合给出两个初始黑洞的质量分别为 29 和 36 倍太阳质量，放出引力波合并之后变成质量为 62 倍太阳质量的黑洞。

类似于篮球的表面积正比于半径的平方，黑洞的面积也正比于半径平方（进而正比于黑洞质量的平方），所以，霍金的黑洞面积不减定理理论上要求 $S_1 + S_2 < S_3$，也就是要求 $29^2 + 36^2 < 62^2$。这个数学关系式确实是成立的，因此，这说明 LIGO 发现引力波这事情的确支持霍金的黑洞面积不减定理。

当我掌握到这个信息的时候，我把这当作是一个非常重要的新闻点。因为我认为中国的老百姓与媒体对黑洞面积不减定理并不熟悉，但他们对霍金很熟悉，因此我可以有所作为。但是，如何科普才能更有效呢？

如果直接说黑洞的面积不减定理，老百姓还是很难理解，怎么办？于是我想到了众所周知的公共知识——勾股定理。在勾股定理的基础上创作了《在引力波这事上，霍金用了勾股定理，他又对了》一文（见下图），取得了很好的传播效果。

网页截图

勾股定理起源于一个传说。据说在两千多年前的西周时代，武王克商，武王的弟弟周公（有诗歌赞美他为"周公吐哺，天下归心"）与大夫商高讨论，商高说了这样一句有点神神道道的话"勾三，股四，弦五"。这句话不能算是一个定理，只能算是一个特例。这记载于一本朝代和来历不很明显的书《周髀算经》。

勾股定理的证明方法有很多。华罗庚年轻时候，也考虑过不少的证明方案。最流行的证明方案，恐怕是通过在一个边长为 $a+b$ 的正方形内内接一个边长为 c 的正方形来做的，利用面积相等，得到 a^2 加上 b^2 等于 c^2。

欧几里得几何的精华是勾股定理。他的平面几何暗中假定矢量在平行移动和转动下保持不变。在平面上两点之间的距离是直线段。但一般引力场（弯曲空间）没有这样高对称性。这也就是勾股定理可以与广义相对论挂钩的地方。

事实上，勾股定理对相对论与微分几何的启发还有很多。比如中学生都知道，勾股定理可以用来计算空间点之间的绝对距离。空间的两个点之间的绝对距离不依赖于坐标系的变化，你可以在直角坐标系里计算这两点之间的距离，也可以在极坐标系里来计算，结果全是一样的。这一点很重要，正如一个人的思想品德，不依赖于他所穿的衣服。在弯曲空间里也是一样的，著名数学家陈省身有一个比喻，大概意思是，微分流形就是裸体的原始人，而黎曼流形是穿衣服的现代人。衣服相当于坐标系，是可以更换的。但在坐标系变换下，绝对距离是一个不变量。 这也是非常重要的思想，真正的物理学是几何学，应该与坐标系的选择无关。

霍金的黑洞面积不减定理理论上要求 $S_1 + S_2 < S_3$，在形式上这与勾股定理是很像的，都是平方和的形式，只不过一个是等式，而另一个是不等式。

黑洞面积不减定理就是黑洞的熵增加原理，因为黑洞的面积在物理上就是黑洞的熵。

这里面的故事是这样的。

20世纪70年代的霍金老师风华正茂，正研究黑洞问题。

那时候的霍金并不是现在这种"喷子"与"网红"的形象。当年他提出的黑洞的面积不减定理，则是一个在微分几何上可以被证明的结论，当然

霍金与第一任妻子简

在物理上也是站得住脚的。

面积不减定理大概意思是这样的：多个黑洞碰撞在一起，可能辐射出引力波带走能量。但是，当稳定下来的时候，最后的黑洞其事件视界的面积不会比原来那些黑洞的面积之和小。

而所谓事件视界，可能需要稍微解释一下。

我们可以从黑洞的精确定义说起。"黑洞"这个词汇，最初是由美国物理学家约翰·惠勒提出来的，看过电影《美丽心灵》的人应该知道，在电影里经常提到一个军方的实验室，就叫做"惠勒实验室"。惠勒是美国军方最信任的物理学家，曾经参与氢弹工程和其他一系列重大国防工程。他也是美国的相对论之父，几乎大部分在美国搞相对论研究的人，都出身于他的门下。比如搞虫洞研究的索恩，搞黑洞热力学的沃德（R. Wald），连大名鼎鼎的费曼也是他的学生。

"黑洞"这个词语听起来稍微有点神秘，所以具有很强的传播力，现在已经成为家喻户晓的概念——黑洞是把一个物体用万有引力压缩到极限状态的一个产物，如果把一个质量是10千克的大西瓜压缩为一个黑洞，那么这个黑洞的尺寸非常小，大约是一个质子的大小的一亿分之一，这就是一个微型的黑洞，它占据时空的一个小区域。

那么黑洞的精确定义到底是什么呢？

我们知道，时间与空间组成一个四维的几何体，而黑洞是四维时空的一部分。因此，黑洞也是四维的。黑洞的精确定义是这样的：四维时空的一个区域，如果这个区域内发出的光不可以到达无限远，那么我们称这个区域是一个黑洞。

这个定义在数学上是严格的。当然对一般大众来说，是过于艰深了。从字面上我们可以看出来，黑洞，简单地说，那就是其表面不能发光的物体。如果有光线照射在这个物体上，这个物体会吸收这些光线，自身仍然不能发出一点光来，这就是经典意义上（不考虑量子力学，只考虑广义相对论）的黑洞。

我们知道，在日常生活中，如果一个物体是由原子组成的，那么原子受到光的照射，一定会发出受激辐射(受激辐射就是激光器的工作原理，爱因斯坦曾经研究过它，并且引进了所谓 A 系数与 B 系数）。但是，当光线照在黑洞上面的时候，黑洞是不会发出受激辐射的。因此，可以说黑洞并不是由原子组成，它是一个单纯的时空区域，在那里已经没有原子的结构与组成了。因此，黑洞是一种时空结构，而不是物质结构。

在前面的定义中，我们其实已经定义了黑洞的表面：不发光。物理学家把这个不发光的表面称为事件视界。

我们可以换一个说法：如果你把黑洞想象成一个气球，那么这个气球可以是一直在吹大，但气球的表面积不会减少。

三

好了，现在在你的心目中，黑洞就是一个完美的球，只不过不停地吃东西，因此球面的面积在不断增加，这就是霍金黑洞面积不减定理的物理直觉。严格来说，霍金的证明用到了一些比如渐近平坦等条件，这些条件都是 OK 的，有引力波存在的时候也成立的。现在我们可以简单考虑不带自转的史瓦西黑洞，可以知道黑洞的半径与质量的关系如下：

$$r = \frac{2GM}{c^2}$$

因此，黑洞的质量正比于半径，而黑洞的面积正比于半径的平方，所以，黑洞的面积正比于黑洞质量的平方。因此，我们有如下重要结论：

虽然　29+36 > 62，

但是　$29^2+36^2 < 62^2$。

这就是黑洞面积不减定理（在爱因斯坦引力方程的控制下，多个黑洞的演化满足此定理）。这个结论其实类似于勾股定理。所以，LIGO 看到的 65 变成 62 放出 3 个太阳质量的引力波能量的事情并不违背霍金的黑洞面积不减定理。

我当时还特地请教了我的师兄，在中国科学院应用数学所工作的曹周键。他告诉我，根据他的计算，两个黑洞碰撞并合能发出引力波能量的最大效率达到 29%（如果考虑黑洞自转的话），目前 LIGO 探测的这次引力波能量放出的效率在 4% 左右（就是 3/65）。作为对比，我们也可以知道，原子弹能量放出的效率极低，只有万分之 1.5 左右。因此，本次引力波放出能量的效率至少是在原子弹的 250 倍以上。

事情到这里还没有完全结束，至少对我来说是这样的。

因为就在引力波取得了广泛的社会传播效应的时候，我也在积极宣传另外一个重要的大科学项目，那就是"中国版的巨型对撞机"。

2016年3月15日晚，我在清华大学的一座三层的粉红色小楼里采访了国际著名数学家、菲尔兹奖得主、哈佛大学物理系教授丘成桐。在这之前的2016年的3月13日，丘成桐刚在清华大学第六教学楼做过一次题为"物理、数学与对撞机"的大型演讲。

丘成桐这几年在中国推动建设巨型对撞机，那时候引力波还没有被发现，大家的热情还没有高涨。但自从LIGO发现引力波以来，国际高能物理学界也受到了鼓舞，他们呼吁建造能量更高的巨型对撞机的呼声越来越高，为此丘成桐与合作者写了一本科普新书《从万里长城到巨型对撞机》在美国出版。在这本新书中，有多位知名粒子物理学家为此书深情作序，其中包括欧洲核子中心理事总裁卢西亚诺·马亚尼（Luciano Maiani），大型强子对撞机LHC的粒子检测实验室CMS的发言人、基础物理学突破奖得主乔伊·因肯德拉（Joe Incandela），大型强子对撞机LHC的粒子检测实验室ATLAS实验家、哈佛大学物理系前任系主任梅丽莎·富兰克林（Melissa Franklin），以及香港科技大学赛马会高等研究院院长、宇宙暴胀理论的贡献者戴自海教授等。

《从万里长城到巨型对撞机》讲述了丘成桐作为一个国际大数学物理学家对中国建设巨型对撞机的殷切期盼，也可以视为他试图改变中国科学现状的一次最新的尝试。

我问丘先生说："预想中的中国版巨型对撞机这个项目大概需要 400 亿元人民币的预算，您之前在清华大学的讲座中提到过你与科技部部长、中国科协主席等人讨论过这个问题，他们都没有反对这个项目，那么请问您有没有接触更高层的领导人讨论这个事情？"

丘成桐说："高层的领导人都有一些接触，不过不是专门谈这个事情，他们都认为这是值得做的。"

据我从多方渠道了解到，2016 年秋天，时任中国科技部部长万钢去了美国哈佛大学等地考察

丘成桐先生接受我的专访

并与丘成桐等人就巨型对撞机的事情交换了看法；中国科学院院长白春礼也去了一趟欧洲核子中心，考察大型强子对撞机 LHC 的相关情况。

我接着问丘成桐："现在还有一件事情可能与在中国建设巨型对撞机类似，那就是中国的空间引力波探测计划，也需要大量的科研经费的支持。那么引力波的探测计划会不会影响到巨型对撞机在中国的实施？"

丘成桐以他一贯的坦率告诉我他的看法："我自己做引力做了 35 年多了（注：丘先生在引力理论中最著名的工作之一是正质量猜想的证明），我觉得中国目前做引力波的基础比巨型对撞机的基础差远了。中国做引力理论的基础太差，与国外引力波研究的水平还有不小差距。而做对撞机则有北京正负电子对撞机与大亚湾中微子实验成功的基础。而且，我们都知道，引力波看到的信号不能重复，而巨型对撞机产生的信号（希格斯粒子）可以不断重复。"（这段话是丘先生口语化的表达，作为我的私人回忆与见证，我把这段话记录下来，我想他的基本意思其实并不是反对中国探测引力波，而是他认为巨型对撞机也值得去做）

另一方面，丘成桐先生认为，引力波被验证，但其理论并没有突破现有理论广义相对论；而巨型对撞机却是要探索一个超越粒子物理标准模型的全新领域，在那里一切都是未知的，因此更有研究的价值。同时，丘成桐"很佩服美国人，LIGO 第一期没有找到引力波，美国的自然科学基金 NSF 继续投钱，建设 Advanced LIGO，一共花了 10 多亿美金，终于找到了引力波"。

外一篇

我们再来谈谈黑洞的面积吧。

其实，从物理上来说，黑洞的面积不减定理本质上就是孤立系统的熵增加原理而已。因为黑洞的面积其实就是黑洞的熵。

这里面的故事是这样的……

1973 年，普林斯顿大学的 22 岁研究生贝肯斯坦发表了《黑洞热力学》一文。注意，这篇文章的题目看上去是前无古人的，是关于黑洞的"热力学"，不是动力学。这里面有一个在霍金看来很不爽的"热"字。在贝肯斯坦的文章中，他提议，黑洞作为一个物理对象，是具有热力学熵的——热力学熵描述的是一个物理系统的微观状态的个数，就好像一个骰子，但可以投掷出 6 个不同的点数，那么这六种可能性，就对应了这个骰子的热力学熵。黑洞具有《黑洞热力学》一文所描述的热力学熵，意味着黑洞并不简单，它具有很多不同的微观可能性。

当时的霍金严重地不相信《黑洞热力学》的观点，他和其他两人立即在 1973 年 2 月的《数学物理通讯》上发表了经典的论文《黑洞动力学中的四个定律》的论文，反驳了贝肯斯坦。这个文章思路很清楚，是霍金那简洁明了风格的写照，也算是广义相对论研究的集大成之作。他完整地写出

每个骰子都有6种可能的点数，这些可能性对应了骰子的热力学熵

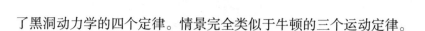

了黑洞动力学的四个定律。情景完全类似于牛顿的三个运动定律。

黑洞动力学第零定律：稳态黑洞的表面引力在视界上是常数。

黑洞动力学第一定律：稳态轴对称黑洞质量 M，事件视界面积 A，表面引力 k，角动量 J，角速度 ω 满足一个数学关系。

黑洞动力学第二定律：事件视界面积在演化中不会减少。

黑洞动力学第三定律：不可能通过有限次操作把黑洞表面引力降为零。

但是，这四个定律，其实越看越像是热力学定律。

第零定律完全是一个数学定律。第一定律一看就知道和热力学第一定律很相似，也就是能量守恒定律，只要把 k 看成温度，A 看成熵就行。第二定律是霍金之前的结果，它不允许单个黑洞分裂成为两个，而且要求两个黑洞碰到一起形成新的视界面积一定要大于原来面积之和。第三定律并没有严格的数学证明，但是有些很强的证据，它与从旋转黑洞里提取黑洞转动能的彭罗斯过程有关，彭罗斯过程可以降低表面引力，但是当表面引力越来越低的时候，彭罗斯过程的效率也越来越低，趋于零。这在热力学里就是说，绝对零度是不可能达到的，也就是能斯特定理。

但从这样的相似性里还不能断言霍金等人的这四个黑洞动力学定律就是黑洞热力学的定律。因为当时的理论要求经典黑洞作为一个不发光的物体，它的温度为零，任何辐射照在它上面，都能被它吸收，所以假如它的熵要是能够存在，那一定是无穷大（反过来说，温度为零的物体是没有熵的）。所以霍金他们认为：经典黑洞动力学和热力学定律的相似只是表面的。

贝肯斯坦也承担了巨大的压力，他后来回忆说："在 1973 年那些日子里，经常有人告诉我走错了路，我只能从惠勒教授那儿得到安慰。他说，'黑洞热力学是疯狂的，但疯狂到了一定程度之后就会行得通。'"

贝肯斯坦的直觉是正确的，但他同时也是幸运的，因为他的想法其实不是最深刻的，甚至于有一点幼稚。他要想服众，必须说明一件事情，那就是黑洞的温度不等于零，这样的话，黑洞才可能具有有限的熵。

可笑的是，到了1974年初，霍金自己把量子力学用到黑洞领域，他非常惊讶地发现，黑洞似乎以恒定的速率发射出粒子，黑洞就好像是一个做黑体辐射的热源——就好像一个冶炼钢铁的炉子一样，黑洞是有温度的，而且正在发光。

这是一个神奇的发现，量子黑洞也是有温度的，会发光的。

以前的经典广义相对论认为黑洞不能发射粒子。但当量子力学加进来的时候，黑洞正如同通常的黑体那样产生和发射粒子，它的温度和黑洞的表面引力成比例并且和质量成反比，它的辐射谱是黑体辐射谱。这使得贝肯斯坦关于黑洞具有有限的熵的论点站住了脚，黑洞以某个不为零的温度朝外辐射光线，黑洞有热力学熵。

也因为如此一个剧情逆转，霍金简直成了神——因为他证明了黑洞其实自身也是会发光的。黑洞有了温度以后，就可以计算出黑洞的熵，马上可以发现它的熵就是它的面积，所以黑洞的面积不会减小，因为热力学要求孤立系统的熵随着时间不能减少。

第六章

引力波漫画以及"太极计划"新闻发布会

引力波事件在 2016 年的 2 月与 3 月一直在微信朋友圈里刷屏，著名的科普漫画家二混子创作了一个引力波的科普漫画《引力波就是你俩还没开打，杀气就喷了我一脸》，而我则代表"蝌蚪五线谱"网站提供了相关的科学顾问工作，这也

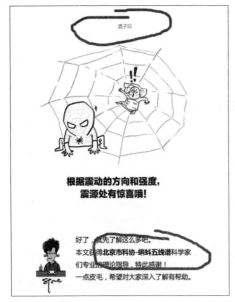

二混子漫画作品（截图）

是我第一次与二混子合作。他是一个非常腼腆的漫画家，当然，他的作品显得比较放荡而狂野。

二混子创作漫画的过程中，我们曾经在微信上交流相对论与引力波的思想细节。他追求他的科普作品的严谨性与科学性，也非常友好地承认"蝌蚪五线谱"给他的一点帮助。

二混子名叫陈磊。我其实也是在几个月前刚认识他，当时"蝌蚪五线谱"的年会在北京师范大学举办，二混子作为新媒体嘉宾发言，我们就是在北京师范大学认识的。后来他的微信公众号得到中央电视台的张泉灵等人的投资，走上了创业之路，他也成了像"咪蒙"那样著名的网红。

（二）

二混子的引力波漫画的标题可能具有隐喻，因为当时在中国有两个引力波计划已经提出来了，而且这两个计划似乎存在竞争关系。这两个空间引力波探测计划都是要发卫星的，分别叫做"天琴计划"和"太极计划"。

"天琴计划"是由中山大学发起的一个空间引力波探测计划，主要还有华中科技大学的一些科学家参与，这个项目的主要负责人是罗俊院士。罗俊院士在出任中山大学校长之前，曾经是华中科技大学的副校长，长期从事牛顿引力常数测量等实验工作。

二混子的漫画是在2016年2月22日发表的，而在5天之前，我被邀请参加了"太极计划"的新闻发布会。

"太极计划"新闻发布会现场

　　"太极计划"是由中国科学院发布的空间引力波探测计划。

　　邀请我参加"太极计划"新闻发布会的是"太极计划"项目的秘书长乔从丰教授。而在这之前，我曾经专访过"太极计划"的首席科学家吴岳良院士——当时采访的主题是关于"超越爱因斯坦的量子场论"。

　　在这次新闻发布会上中国科学院首次披露了一项宏伟的科学项目——空间太极（Taiji）计划。这个计划预计在2030年前后发射引力波探测卫星组，进行中低频波段引力波的直接探测。

　　"引力理论的空间检验蕴含着自然科学的重大突破，中国科技界应在这方面逐步产生重要贡献。""太极计划"首席科学家之一、中国科学院院士胡文瑞说。

　　总体上来说，"太极计划"是一个在引力波事件成为社会话题后宣布的科学卫星发射计划，主要的牵头单位是中国科学院，这个计划是有一段历史的。据我所知，大概在2008年，那时候罗俊与刘润球等人在香山会议上与胡文瑞院士等人商量，建议做空间引力波探测。后来由中国科学院发起，中国科学院多个研究所及院外高校科研单位共同参与，成立了中国科学院空间引力波探测论证组，开始规划我国空间引力波探测在未来数十年内的发展路线图。不过，后来罗俊在担任华中科技大学的副校长、中山大学的校长前后，提出了另外一个空间引力波计划，那就是"天琴计划"——这个项目得到了地方政府的支持，珠海市政府也希望这个项目能吸引很多科学家去珠海工作，因此投入了一些前期的项目启动资金，但因为整个项目耗资达到百亿级别，所以后续的经费还需要向中国科技部等部门进行申请。从项目名称的提出来看，"天琴计划"早于"太极计划"；而从实际情况来看，则是"太极计划"先有了一个较为松散的组织雏形。当然，这仅仅是我个人的理解，因为这两个大项目涉及很多人，因此我不能保证自己所写下的这个评论一定符合每个人心目中的预期。

这次发现的引力波是LIGO利用地面激光干涉装置观测到恒星级双黑洞并合产生的高频引力波信号。当时在中国，只有清华大学团队参与了相关工作，虽然在外国有一些中国人也参与了这个项目，但总体来说，在引力波探测的实验领域，中国人还是刚处于起步阶段。

在新闻发布会上我了解到，早在2008年，由中国科学院发起，院内外多家单位参与，由中国

"太极计划"图标

科学院胡文瑞院士召集成立了空间引力波探测论证组，开始规划我国空间引力波探测在未来数十年内的发展路线图，空间引力波探测被列入中国科学院空间2050年规划。而到了2012年，成立中国科学院引力波探测工作组。2013年由吴岳良院士牵头经中国科学院大学提交了"973计划"项目申请书"空间引力波探测的地基研究"。在中国科学院先导科技专项空间科学预先研究项目连续3期的资助下，"太极计划"工作组展开了各种学术交流活动，在引力波源的理论及探测研究和卫星技术研究上取得了诸多进展。

四

我在新闻发布会的现场再次见到吴岳良院士。他是江苏宜兴人，是一位粒子物理学家，但他同时对引力问题有着十分浓厚的兴趣。

我在2016年1月曾经采访过他。那时候吴岳良告诉我，1996年他从国外回国后，就开始做自己认为重要的问题，很少跟风做研究。1997年，吴岳良与他以前的导师周光召先生一起，在《中国科学》杂志上发表了一篇论文，题目就是《对所有基本力的一种可能的大统一模型》。这是他们做引力量子理论的最早的想法。当年发在《中国科学》杂志上的论文是他开始做引力量子化的第一篇论文。但在那篇论文中，吴岳良还是没有跳出传统的思维陷阱——那就是爱因斯坦说的"引力是弯曲时空的表现"。所以，当时的那篇文章还是在弯曲时空里做的，所以量子化引力的部分做得不是特别成功。

因此，从1996年算起，在差不多20年之后，到了2016年吴岳良发表在《物理评论D》上的一篇文章（主题是关于"引力的量子场论"），吴岳良开始做出重大的技术调整：不再像爱因斯坦那样把引力看成是弯曲时空的表现，而是直接在平坦时空引入引力场作为量子场，并提出双标架四维时空，即整体平坦坐标时空和局域平坦引力场时空。这一技术路线的选择，使得他开始"超越爱因斯坦提供的技术路线"。那篇文章受到新闻媒体的热烈报道，仿佛是寒夜中的一股暖流温暖了整个冻僵的学术圈，在学界引起一阵狂热的骚动。不仅仅是因为吴岳良在中国理论物理学界特殊的地位，同时也是因为"引力的量子场论"被学界公认为是一个终极性难题。因为解决了这个问题就可以让我们知道早期宇宙为何开启大爆炸之旅。这就是所谓"第一推动"问题，没有人可以拒绝它的神秘魅力。但是，1 个月以后在新闻发布会上，我再次见到吴岳良院士，他已经是"太极计划"的首席科学家了。

"基于地面的引力波探测实验装置，受空间距离的限制和地球重力梯度噪声的影响，无法探测低于 10 赫兹的引力波，研究目标较为有限。"吴岳良在新闻发布会上说，"因此，多国科学家都在加紧开展空间引力波探测的研究计划。"

"太极计划"的目标是发射由位于等边三角形顶端 3 颗卫星组成的引力波探测星组，用激光干涉方法进行中低频波段引力波探测。卫星之间的距离大概是 300 万千米。卫星将采用无拖曳技术，卫星与卫星之间有激光干涉，据我了解，项目组设计的激光功率约 2 瓦，因为卫星之间的距离太远，所以激光光斑会很大（类似于用手电筒照远方的墙壁，距离越远，光斑越大），因此需要一个望远镜来聚焦，这个望远镜的口径约 0.5 米。

在新闻发布会上，还介绍了"太极计划"所设计的卫星的加速度噪音、测距精度等技术指标总体上优于欧洲空间局 LISA 计划的要求，而频率范围覆盖了 LISA 的低频和日本 DECIGO 计划的中频。

"太极计划"主要是用激光干涉方法进行中低频波段引力波的直接探测，以观测双黑洞并合和极大质量比天体并合时产生的引力波辐射，及其他的宇宙引力波辐射过程。"太极计划"的卫星组处于太阳同步轨道。研究表明，这个轨道上的卫星组在相距 300 万 ~ 500 万千米时，探测到

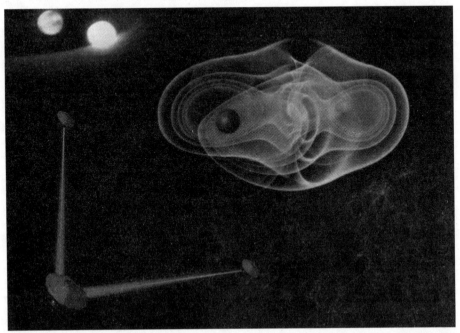

"太极计划"示意图

的引力波是一个具有独特波段的引力波，是其他实验所不能观测到的波段，可帮助我们理解中等和大质量黑洞的结构和形成以及它们如何成长为超大黑洞的过程。"高精度的实验还可测量对爱因斯坦广义相对论的修正参数，探测超越爱因斯坦广义相对论的量子引力理论。另外，结合微波背景辐射的测量，引力波成为探测早期宇宙的重要手段，这个波段的引力波研究可对应于 TeV 能量标度的早期宇宙，正好接近于目前大型对撞机所能达到的能量，是一个对新物理现象敏感的能量标度。"吴岳良说。

胡文瑞在新闻发布会上表示，"太极计划"目前开展两个方案的研究。方案之一是参加欧洲空间局的 eLISA 双边合作计划，预计当年秋天将召开第三次双方科学家会议，完成双边合作的可行性报告，然后各自向主管部门呈报，由双方主管部门审批后执行。

方案之二是发射一组中国的引力波探测卫星组，与 2034 年左右发射的 eLISA 卫星组同时遨游太空，进行低频引力波探测，这一方案拟于 2033 年前后发射，实现我国大型先进科学卫星计划的突破，届时中国与欧洲将同时在空间独立进行引力波探测，互相补充和检验测量结果。

胡文瑞说，按照欧洲空间局规定，所有重大项目的参与方需要投入 20% 的资金。第一个方案中，欧洲空间局投入经费为 10 亿欧元，所以中方需要出资 2 亿欧元。第二个方案中，又有两个规划，一个规划是中欧双方各出资 10 亿欧元，形成两组独立的卫星组，各采用两路激光干涉。另一规划是中国发射的 3 颗卫星组，采用双向激光干涉，共六路激光干涉，可直接相互检验测量结果。

"大科学工程的基础科学研究必须开展国际合作，我们参与欧洲空间局的项目，不仅可以学习到他们 30 年来积累的经验和技术，同时，我们也希望能够组建自己的卫星组，对测量结果能够相互进行验证。"吴岳良说。

外一篇

在本书的第一章，我已经介绍了欧洲空间局发射了空间引力波关键技术验证卫星 LISA 探路者。实际上，不得不承认，1993 年，欧洲空间局首先提出激光干涉空间天线（LISA）计划，进行空间引力波测量，而在美国退出以后，中国是想与欧洲合作的，但是具体怎么合作还没有很明确的思路，那是因为大家对引力波到底是不是真的存在其实还是很怀疑的。

LISA 改名为 eLISA 以后，中国每年组织科研人员参加 eLISA 项目召开的年会，进行交流探讨。也与 eLISA 项目的主要牵头单位德国马普学会引力物理研究所和爱因斯坦研究所组织召开了两次双边会议，并形成了双方合作的备忘录。

但具体合作不合作，还需要政府高层拍板。

非常有趣的是 2017 年美国国家航空航天局已经重返 LISA 项目，而中国的"太极计划"也成立了科学联盟，吸引各国研究机构与人员加盟。

而至于为什么中国的空间引力波计划取名叫"太极计划"，则是因为按照中国的宇宙观，万物开始是"太极"，所谓"太极生两仪，两仪生四象，四象生八卦"，所以"太极计划"探测引力波也可以研究宇宙的起源；另外一个原因在于太极的图形与双黑洞碰撞并合的形象很相似。

第七章

专访陈雁北教授

　　在参加了"太极计划"的新闻发布会以后，我采访了陈雁北教授——他是美国加州理工学院的著名相对论物理学家，也是 LIGO 引力波探测项目核心组的成员，他可能是最接近 LIGO 项目的中国人之一。

陈雁北 1995 年开始在北京大学上本科，之前他在北京大学附属中学读高中，他的经历看起来非常顺遂，最后他去了美国加州理工学院留学攻读博士学位。他是一个非常有思想又有个性的物理学家，很多时候表现出桀骜不驯的个性，这也许是因为他一直是在名校里成长出来的缘故吧。

我刚知道陈雁北这个人的时候，是在 2005 年。

前面已经说过，2005 年的时候，我去德国的爱因斯坦研究所参加一个学术会议，当时我住在一栋由爱因斯坦研究所提供的三层别墅里，这栋别墅叫做 guest house，一般提供给访问学者。当时我与另外几个人住在二楼，而陈雁北家住在三楼。我与他同住一栋楼，但我却没有见过他，也许因为我住的时间极短。

后来，我经常在刘润球的相对论组里参加一些活动，而刘润球他们也曾经邀请陈雁北在某个教师节去做过一次学术报告，当时刘润球研究组也正在做引力波，因此我可以经常从他们的嘴里听到"陈雁北"这个名字，因此对他其实并不陌生。

大概在 10 年以后，因为引力波事件，使得陈雁北的名声大噪，他是 LIGO 科学联盟核心组的成员，自然被很多科学媒体关注。

2016 年的 2 月，有一个科学媒体邀请陈雁北在一个微信群里做一次对本次引力波事件的解读，我也去听了，并且提了一些问题。我在微信上与陈雁北教授有了直接接触，我提出在 2016 年 2 月 19 日代表"蝌蚪五线谱"网站独家专访陈雁北，他也接受了这个专访请求。

陈雁北告诉我，他在香港的时候买过我在台湾出版的相对论方面的科普书《日出：量子力学与相对论》。因此，我们之间的陌生感又消除了很多。

而我想要采访陈雁北的一个原因在于，我想知道引力波的理论模型到底是怎么样的，这是一个艰深的难题，当时国内媒体却鲜有报道。这个问题与雷达的问题是类似的，如果有一个雷达，在雷达上你可以看到一个信号，但如何判断这个信号是来自天空中的一只飞鸟还是来自一个气球，这就需要雷达工作的理论模型。引力波探测的道理也是差不多的，对信号的分析需要由理论模型作为基础。

陈雁北一直在深度参与 LIGO 探测引力波的工作，他显然是知道这个理论模型的细节的。

不过在介绍这个事情之前，我还必须介绍一下陈雁北的博士导师，基普·索恩。

在学术界，有时候是挺讲究出身的，谁是谁的学生这一点非常重要。前面说到，陈雁北是基普·索恩的学生，而基普·索恩的老师是"美国物理学之父"——约翰·惠勒。

20 世纪初的美国在数学物理上还是蛮荒之地，约翰·惠勒与伯克霍夫出国留学，回国后分别成了美国"物理学之父"与"数学之父"。

约翰·惠勒当时留学去的是量子力学大本营，丹麦的哥本哈根。他跟"量子力学之父"玻尔一起搞的量子理论研究（主要研究原子核的模型）。

在二战期间，约翰·惠勒与玻尔一起建议美国政府抢在德国的希特勒之前造原子弹（这一点与目前在中国丘成桐与王贻芳建议中国政府造巨型对撞机有点像）。

约翰·惠勒在量子力学上有基本的思想，他认为万物起源于量子信息（这种观念在当时并不流行，但在现在这个时代却已经成为一个很重要的观念，目前有理论认为引力是一种衍生的现象，引力也起源于量子信息）。在相对论上，他提出了"黑洞"这个名词。

基普·索恩就是约翰·惠勒学相对论方向的学生。

基普·索恩是搞理论研究的，早年他与约翰·惠勒一起写出相对论的名著《引力》，这本书被称为"相对论学者的圣经"。这本书的封面是黑色的，上面画了一个大苹果——象征牛顿看到苹果落地暗示引力的存在。此书的第一页直接引用了我们中国人的《宋史》中关于超新星的中文记录。当然，那本书成书太早，所以在那本书里，并没有写到实验探测引力波，因为当时大家都觉得引力波是不能被探测到的。

"但是，当我读了麻省理工学院瑞纳·韦斯（引力波实验家，引力波三巨头之一）的论文之后，我的想法彻底改变了。"基普·索恩如是说。

基普·索恩开始觉得引力波是可以被实验测量到的，所以就开始招兵买马编写电脑模拟程序，来模拟黑洞碰撞发出引力波的过程。

基普·索恩为什么要用电脑来做模拟程序？因为爱因斯坦的广义相对论方程的数值计算非常复杂，依靠人的手工计算是不行的。理论与模拟必须先走一步，因为假设在物理实验上测量到一个信号，那么必须要与电脑模拟出来的信号相互比对。如果两者对得上，才能说明是引力波。否则天知道实验测到的是什么。

基普·索恩是用电脑做爱因斯坦场方程数值计算与黑洞发出引力波的模拟的高手。这一本领也使得他可以给《星际穿越》这样的科幻电影提供精美的电脑模拟画面。

基普·索恩曾经离婚，他后来与电影《星际穿越》的制片人琳达·奥

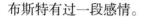

布斯特有过一段感情。

这里可以引用一下基普·索恩自己写的文字：

1980年9月，我的朋友卡尔·萨根给我打了个电话。他知道我是一个单身父亲，独自抚养着十几岁的女儿，在南加州过着单身汉生活，并且在从事理论物理专业的工作。

卡尔打电话给我，建议我参加一次相亲——与琳达·奥布斯特一起参加一场首映活动。那是为卡尔即将上映的一部系列剧《宇宙》举办的。

琳达是一位睿智漂亮的编辑，在《纽约时报杂志》工作，主要负责"反主流文化和自然科学"版块，当时刚刚搬到洛杉矶——她其实极不情愿到这儿来，但无奈拗不过她丈夫，不过这也加速了他们的离婚。这一切糟糕事情中的唯一亮点是：琳达开始尝试步入电影圈，参与构思一部名为《闪舞》的电影。

《宇宙》的首映礼在格里菲斯天文台举办，是一次正装活动，但我愚蠢地穿了一件浅蓝色燕尾服。洛杉矶所有有头有脸的人那天都在场！我虽然显得格格不入，但是却度过了非常愉快的时光。

在此后的两年中，我和琳达时断时续地约会，但关系却没有更进一步的发展。虽然，她的激情迷住了我，但也使我身心俱疲。当时，我已经在犹豫这种疲惫是否值得，但无奈决定权不在我这一边。也许是因为我的丝绒衬衫和双面针织的肥大休闲裤，琳达很快就对我失去了兴趣，但是有一些更好的事情却正在发生：来自不同世界的两个完全不同类型的人建立起了一段持久的、富有创造性的友谊和合作关系。

时间快进到2005年10月，在我与琳达时不时进行的一次晚餐聚会中，我们从近期的宇宙学发现聊到了左翼政治，又从美味的食物一直聊到了电影制作的变化无常。彼时，琳达已经是好莱坞颇有才艺和成就的制作人，而我也已经结婚。我的太太卡罗尔·温斯坦已经成了琳达的好友……

琳达·奥布斯特就是后来的电影《星际穿越》的制片人，而基普·索恩是这个电影的科学顾问。

对于两个黑洞碰撞的理论模型，在经典的相对论书籍与文献中鲜有研究与报道。产生这种冷门的主要原因在于描述单个黑洞的度量相对比较简单，一般是所谓的"史瓦西解"或者"克尔解"这样的爱因斯坦引力场方程的解析解，但是，因为爱因斯坦引力场方程天生的高度非线性性质，使得一般情况下找不到"两个黑洞待在一起"的解析解。这就好像我们可以描述一个单身汉的行为（无非就是吃饭、睡觉、看电视），但很难描述一对情侣的行为（情侣可以做的事情比单身汉多多了）。

于是，相对论学者发展出一套用电脑来计算"两个黑洞待在一起"的数值解的方法。这一方法被发展了几十年，目前已经形成数值相对论这一前沿学科。数值相对论的英文是 numerical relativity，简称为 NR。

数值相对论是一个广泛的学科，以引力波事件 GW150914 为例，则还需要一些数据处理的技巧，那就是匹配滤波技术。

LIGO 探测到的引力波频率范围为 35 ~ 250Hz，这个频率全部落入 LIGO 的敏感频带。（准确地说是信号比较强的地方跟敏感地带吻合。而这是天文观测中的一个特别常见的"偏见"现象，也就是说我们最有可能看到的信号，往往是仪器对其灵敏度很高的信号。这是因为你的仪器决定了你能看到什么）

LIGO 的这种宽频带特点使得在雷达数据处理的成熟技巧——匹配滤波 (matched filtering) 方法可以被用到引力波数据处理中来。该数据处理方法能在既定硬件灵敏度前提下成百上千倍地提高信号探测能力。但该方法能够工作的前提条件是对要探测的引力波信号拥有准确的理论模型。

因此，对于引力波的确证，建立理论模型变得十分重要。

为了建立引力波信号的理论模型，人们需要近似求解爱因斯坦的引力场方程。前面已经说过，该方程作为自然科学中最为复杂的方程之一，针对现实引力波源解析求解基本没有希望，于是人们就寻求数值求解之道。

经过约半个世纪的苦苦挣扎，数值相对论在 2005 年后得到突破性发展，并在 2005 年至今的这十余年内日臻完善。

最终，结合广义相对论的后牛顿近似，为 LIGO 量身打造的有效单体数值相对论理论模型 (EOBNR) 被建立起来。这次 LIGO 成功探测到引力波信号正是基于此理论模型。

那么，EOBNR 理论模型到底是什么？

这 5 个英文字母，NR 是数值相对论的意思。而 B 则是一个美女物理学家的名字的第一个字母。

我们可以来听听陈雁北教授是怎么说的。

1999 年，陈雁北从北京大学本科毕业，飞赴美国加州，加入了基普·索恩的研究组。

陈雁北说："那时候我刚到美国，在基普·索恩领导的研究组组会上，我遇见了一个身材娇小的红头发的意大利女博士后，她叫亚历桑德拉·博南诺（Alessandra Buonanno）。"

亚历桑德拉比陈雁北年长五岁左右，算是他的师姐（其实也算是他副导师，这里面的师承关系复杂度略见一斑），目前已经是德国马普引力物理所分管相对论天体物理的所长。然而在那时候，亚历桑德拉在小鲜肉陈雁北眼里，只不过是一个身材娇小的美女师姐。

"这个美女师姐的研究工作，我们笼统一点说，就是引力波理论模型 EOBNR 中的 EOB。"陈雁北告诉我，"这是法国人达穆尔（Damour）和我师姐亚历桑德拉共同发明的一种方法，简单地说就是把牛顿万有引力中的二体问题变成一体问题的方法推广到了广义相对论的双黑洞系统。"

所谓牛顿万有引力中的二体问题，就比如地球与月球之间的关系，其实在万有引力下，地球与月球都是在运动的，所以称为二体问题，但我们一般可以把地球看成是静止的，只需要稍微修正一下月球的质量为所谓"等效质量"，那么这个二体问题就变成了一体问题，在一体问题中，我们一般说：月球绕着地球"在椭圆轨道上运动"。在广义相对论中，也可以做类似的处理。

达穆尔和亚历桑德拉发明的这个方法用到类似的"椭圆轨道运动"。他们可以把广义相对论中的后牛顿近似的计算推广到两个点粒子距离很近的时候，然后可以在后面增加一个 ringdown 部分。以前传统上用的后牛顿近似的两体运动，两点之间到了比较近就完全发散了，达穆尔和亚历桑德拉的方法可以比较好地避免这种发散困难。

陈雁北当时也学习了这种方法。

我问道："两个黑洞在靠近的时候，引力场不发散，是这个意思吗？"

陈雁北说："对，不应该发散，因为会形成一个大黑洞。但是一般的后牛顿近似的展开不能很好地描述这个后来的大黑洞，而这个 EOB 模型就很好。因为 EOB 模型里面本来就有一个黑洞在那里。我跟亚历桑德拉和另外一个研究生米歇尔·瓦利斯耐里（Michele Vallisneri）把这个 EOB 之内的一些后牛顿方法综合研究，然后制定了第一代 LIGO 搜索双黑洞的一个方案，叫做 BCV 方案。这个方案后来被用到了第一代的 LIGO 数据里面。可惜那时候没有探测到引力波。后来 EOB 又被逐渐推广到更高阶的后牛顿近似，以及包括黑洞自旋的情况，我也参与了一些这方面的理论工作。"

我说："听说潘奕也参加了这个工作？"

陈雁北说："对！潘奕是我的师弟，他也是北大附中和北京大学物理系毕业的，后来在研究工作上一直追随亚历桑德拉，他在 EOB 模型上起了举足轻重的作用。"

EOB 模型的本质还是出自广义相对论的后牛顿近似，其实只是把后牛顿近似的展开方式改了改。所以这种方式的准确性没有根本上的保障，因此需要数值相对论的介入。

到了 2003 年，这一年对中国人来说，印象最深的是 SARS。但对远在美国的陈雁北来说，则发生了两件大事，首先是他拿到了博士学位，其次就是他遇见了另外一位做数值相对论的神人。

那年的某一天，陈雁北的办公室里出现了一位相貌清癯的南非籍加拿大博士后，他的名字叫弗兰·比勒陀利乌斯（Frans Pretorius），后者刚加入了基普·索恩和索尔·特科尔斯基（Saul Teukolsky）组织的数值相对论合作组织，这个合作组织的工作目标非常干脆——就是用计算机数值解法解爱因斯坦引力场方程。

数值相对论那个领域都存在好多年了，但总是搞不出很好的结果。没想到，这个比勒陀利乌斯一上手，就有了个大突破——"比勒陀利乌斯终于可以让两个黑洞在计算机里面碰撞啦！"陈雁北说，"美中不足的是他的代码精度比较差，对 LIGO 的指导性不是特别强。加州理工学院以及康奈尔大学的其他科学家用一种叫做谱方法的数值方法，大大增加了数值计算速度和精度。"

我问道："比勒陀利乌斯大突破以后就去普林斯顿当教授了，还被评选为 2007 年美国的杰出青年？"

陈雁北说："是的！他从此搞一些更牛的黑洞问题。用更高精度高效率模拟黑洞的这个事，还有其他科学家参与，比如马克·谢尔（Mark Scheel）和李·林德布卢姆（Lee lindblom），后来还有贝拉·斯拉奇（Bela Szilagyi）。这几个人把黑洞碰撞的模拟推到了极致。当然，还有其他学生博士后的参与啦。在这期间，潘奕和亚历桑德拉就把 EOB 理论模型的结果和数值相对论计算的结果相比较，把 EOB 理论模型中的参数用数值相对论来矫正，得到了这两者的合体，那就是 EOBNR，这个 EOBNR 比直接数值模拟在计算速度上要快很多很多！"

陈雁北觉得直接学习 EOBNR 理论模型没什么太大作用，他认为要搞明白引力波最好全面地学习一下广义相对论、黑洞物理和引力波物理，然后根据自己的具体问题，再看去钻研哪个具体的问题，EOBNR 是一种比较专门的方法，未必每个引力波物理学家都需要学。

采访完陈雁北以后，我把文章写出来发表在了"蝌蚪五线谱"网站上，中国科学技术协会主办的《科技导报》也进行了转载。过了差不多一个月，陈雁北回到中国，我在科学院的卡弗里理论物理所楼道间的咖啡厅里见到了他本人，这是我第一次见到他。那天也正好是我列席了"太极计划"的一个工作组会议的日子。

外一篇

这里我可以讲一下引力波的能量问题。

引力波的能量问题从表面上看，两个黑洞并合成一个大黑洞后损失了3个太阳质量的能量。在两个黑洞相互接近绕转的过程中，根据广义相对论的数学物理推导，这是一个随时间变化的四极矩，因此会不断朝外辐射引力波，而引力波的辐射会把两个黑洞之间的引力势能降低，所以两个黑洞的距离会变小。这是一个典型的正反馈过程，随着两个黑洞的距离变小，它们之间相互绕转的频率会变得更快，就好像是在舞池上的两个芭蕾舞演员，最后他们会抱在一起——这就是两个黑洞碰撞并合在了一起，这一过程会放出大量的引力波能量，损失的那3个太阳质量就是变成引力波辐射出去的。

这一辐射的能量有多大，通过爱因斯坦的著名质能方程计算可知，这相当于数以亿亿亿亿计的原子弹同时爆炸，其威力相当惊人，整个空间都在颤动。这一颤动也在13亿年后传到了地球——这就是目前LIGO探测到的引力波。

问题的关键在于，在广义相对论的语境中，一直存在两个质量。黑洞的质量是一种"引力质量"，而著名质能方程 中的质量则是"惯性质量"，虽然根据所谓的"等效原理"，引力质量与惯性质量是一回事，但我在内心深处还是对引力波的能量问题很有兴趣，因为这里还涉及引力场能量的非局域化的问题。

我们先来说说等效原理。这可以从伽利略 (1564—1642) 的比萨斜塔自由落体实验说起。

伽利略出生于意大利的比萨。他从小就喜欢思考，17 岁时进入比萨大学读医学。在学生时期，有一天他看到吊在教堂圆形天花板的灯在摆动，这事情本来平淡无奇，但是伽利略却发现了钟摆周期只与摆线的长度有关，而与摆角和摆锤的质量无关（当摆角 α 小于 5 度时，$\alpha=\sin\alpha$）。

这真是一个出人意料的发现，伽利略确实是那个黑暗时代的先知，因为单摆的周期如果与摆锤的质量无关，那么这其实就是后来被爱因斯坦称为"等效原理"的那个物理事实。这件事情其实是反直觉的，就好比你开车从北京到天津，无论你驾驶的是宝马汽车还是比亚迪汽车，甚至是骑自行车或者骑马，你所花费的时间居然都是一样的。

为了验证自己的这个发现的正确性，伽利略做了一个思想实验。伽利略的思想实验是用来说明自由落体运动的（其实道理是一样的，无非要证明惯性质量等于引力质量，虽然当时还没有这样术语化的表达，因为牛顿还没有上场，一切都还有点混乱）。

他的思想实验逻辑性非常强，甚至不能辩驳。他说："不考虑空气阻力，轻的东西和重的东西同时下落，它们将同时落地。假如重的先落地，而轻的后落地。那么，倘使我在它们两个之间连一根无质量的刚性细绳，可以想见，总质量必定大于它们两个的单独质量。于是，这个整体将落得更快，但事实上，轻的东西一定会拖重的那个的后腿。这就自相矛盾了。可见，轻的东西和重的一样，必然需要时刻有相同的速度，它们同时落地。"这个思想实验，使得人们认识了自由落体运动的思想精髓。

伽利略逝世的那一年是 1642 年，同年牛顿诞生。而其自由落体的思想一直到 20 世纪初，依然为爱因斯坦所沿用，并且在 1907 年灵光一现，发现了等效原理。

抛物线是圆锥曲线的一种。在教室里斜抛一个粉笔头，它总是画出优雅的弧线。假如没有空气阻碍，其轨迹是一条抛物线。其运动可以被简单分解，在竖直方向上，它是带初速的自由落体运动，在水平方向是匀速直线运动。一个最简单的计算可以表明，以相同的初条件斜抛出不同质量的物体，其运动轨迹是抛物线，这些抛物线全部是可以重合起来的，因为它们一模一样。不同的质量，相同的轨道。这说明，运动轨道与质量没有关系，这一点与伽利略当年在教堂里看到的单摆一样，再次说明引力好像是一个内禀的几何效应。

1907 年，年轻的爱因斯坦也意识到，引力可能是一种几何效应。当时的爱因斯坦依然在伯尔尼的瑞士专利局。他坐在书桌边，突然遇见了一生中最快乐的思想——等效原理，"我正坐在专利局的桌旁，脑海里突然出现了一个想法，'如果一个人自由下落，他将感受不到自己的重量。'"换句话说就是，引力质量等于惯性质量。爱因斯坦把这个称为等效原理。

物理学家曾经发现了一些等效原理一样的方法来处理问题，比如电学理论中，最让人瞠目结舌的一个关于电路的定律，不是基尔霍夫定理，而是"戴维南定律"，用来处理一个等效电动势。其背后的数学，不是瞬间能想清楚的。但无疑的是，等效的方法，极大简化了模型的复杂性。在某种程度上，爱因斯坦从等效原理出发，建立了广义相对论。

在同时代的人中，爱因斯坦是第一个准确地描述了等效原理的人。当然，对我来说，我也可以看到一般科学记者所不同体会的理论上的结构，那就是这个原理使得人们发现了一些引力场理论本身的巨大的困难。

比如一个人朝太阳掉下去，按照等效原理，在他看来，他没有感受到任何引力，相当于他没有测量到引力场的能量。这明显不同于电磁场的情况。比如电荷，是有一个局部的电荷密度的，满足连续性方程，电荷守恒。电场和磁场的总能量是一个不变量。如果一个静止的人看到一个静电场，在另外一个跑动的人看来，既有电场还有磁场，但他们两个人看到的电场和磁场的总能量是一样的。这就是说，电场和磁场的能量是可以局部到一点来谈论它的密度。

但是，引力能量似乎没有局部的能量密度。回答这个问题好像全是在"试图为一个错误的问题寻找正确的答案（looking for the right answer to the wrong question）"。黑暗由此产生，一些相对论专家由此显得非常郁闷。

引力能量不能在单独一个点上被谈及，因为时空中的一个点不考虑它的邻域无法谈它是否弯曲。准局域（quasilocal）的定义应运而生。研究的领导人物是乃斯特（Nester）。他在台湾"中央大学"任教，是德国人，以前在美国马里兰大学跟惠勒的学生米斯纳读的博士。准局域能量是广义相对论最前沿的领域之一，我们暂且回避它。

当然，大范围地定义一个时空的能量或者质量是可能的。比如库默（Komar）有一个定义，这个定义只要求时空存在一个类似的凯林矢量场，就可以定义一个包围在二维球面内的空间的总质量。并且，这个总质量跟包围它的二维球面的选择没有关系，这就很像电动力学里的高斯定律了。说的是，对点电荷的电场强度计算通过包围它的曲面的通量，结果是点电荷的电量，与曲面无关。

对于引力波来说，能量问题也同样重要。让我们从 1916 年的爱因斯坦说起。

爱因斯坦在 1916 年对爱因斯坦引力场方程在平直时空背景下做线性近

似，推导出了引力波所满足的波动方程及引力辐射的四极矩公式，从而预言了引力波的存在及引力波以光速传播。但是，他在推导中也犯了一个错误，他错误地预言引力波存在三个自由度，即三个偏振方向。一年半之后的 1918 年，爱因斯坦纠正了这个错误，正确地指出引力波只有两个独立自由度，即两个偏振方向（属于横波），并计算了引力波辐射的能量。

总体来说，爱因斯坦虽然在 1916 年预言引力波存在，但他提出的引力波与坐标的选取有关。这其实就是一个数学游戏。按照爱因斯坦当初的理论，从某一个参考系来看，引力波可能有能量，而换一个参考系可能就没有（真正的物理应该是跟参考系无关的，这叫做广义相对性原理，这就好像一个人看到鬼，说鬼存在；另外一个人看不到鬼，说鬼不存在，那么鬼的存在性就是与参考系有关的，就不是真正的物理）。因此，在提出引力波存在的初期，包括爱因斯坦本人在内的大多数人对引力波的存在都持怀疑态度。

又过了 20 年，1936 年，爱因斯坦和他的助手罗森写了一篇引力波不存在的论文（题目是《引力波存在吗？》）投稿到美国《物理评论》。当时的编辑部依据匿名审稿人的审稿意见拒绝发表该文——这让爱因斯坦大为恼怒，因为这个时候的爱因斯坦已经在物理学界有教主般的地位，现在居然有人胆敢拒绝他的文章，打他的脸，他能高兴吗？后来爱因斯坦接受了他在普林斯顿大学的好友罗伯森的意见改写了论文（并修改了引力波不存在的错误结论，但是他并不知道罗伯森其实就是匿名审稿人），题目也改为《论引力波》并在富兰克林学院学报上发表。

因此，当时引力波是否存在一直是一个有争议的问题。为了理解引力辐射问题，人们发展了不同的近似方法。1938 年，爱因斯坦及其合作者提出了处理弱场中低速运动的"后牛顿"方法。他们利用这个近似方法，计

算到 $(v/c)^4$ 阶都不会出现引力能量辐射。四极矩辐射出现在下一阶,这点直到 1947 年才被中国物理学家胡宁教授证明。但是对于非低速运动的引力辐射,上述近似方法便不再适用,而需要发展一套新的近似方法。对于双星系统,考虑引力波与双星系统的总能量守恒后,四极矩辐射公式则仍然适用。要处理如黑洞并合时所辐射的引力波,则需要利用数值相对论方法。

从 1936 年爱因斯坦与罗森的文章开始算起,又过了 20 年,一直到了 1956 年,一个名叫皮拉尼的物理学家提出了一个与坐标系选取无关的引力波定义;而真正的突破性进展发生在 1957 年,当时英国伦敦国王学院的相对论专家邦迪从理论上证明与坐标系选取无关的平面引力波的存在。又过了两年,到了 1959 年,邦迪、皮拉尼和罗宾森更进一步证明,静止物体在引力波脉冲作用下会产生运动,于是证明引力波确实携带能量,并可被探测到。这可以说是最有意义的一个进展——引力波被认为是一个有物理内涵的东西,因为它可以携带能量。

第八章

"阿里计划"

中国的引力波计划可不仅仅只有太极计划与天琴计划，还有一个计划是"阿里计划"。"太极计划"与"天琴计划"都是要发卫星的，而"阿里计划"是在地面的引力波探测计划。除了"天上与地下"的区别，另外一个区别在于，前者耗资 100 亿元以上，而后者的项目经费在 5 亿元人民币左右。

2016 年的全国"两会"开幕后，我在 3 月 6 日专访了全国政协委员张新民。张新民是中国科学院高能物理研究所的研究员，也是"阿里计划"的主要倡导者与首席科学家。

张新民研究员 1959 年 1 月出生于河南省温县。他于 1982 年获河南师范大学学士学位，1991 年 6 月获美国洛杉矶加州大学 (UCLA) 博士学位。1991 年 9 月至 1996 年 7 月他分别在美国马里兰大学和艾奥瓦州立大学做博士后。在做博士后期间，他提出了具有原创性思想的"弱电相变"理论的一种典型机制。

张新民参加全国政协会议

　　张新民于 1996 年 8 月从美国回到中国，在中国科学院高能物理研究所理论物理研究室工作。他是 1997 年中国科学院"百人计划"入选者，也是第一批入选者，获得的研究资金为 200 万元人民币——在当年，这是一笔不小的研究经费，尤其是对做理论物理的人来说，很少有人能拿到 100 万元以上的科研经费。

　　张新民于 1998 年晋升为研究员，1999 年获国家"杰出青年"基金资助。回国后的张新民成为中国粒子宇宙学方面的奠基人之一（所谓粒子宇宙学，简单地说就是早期宇宙可以被看成是一台超级高能的粒子加速器与对撞机）。

　　那么为什么称地面引力波探测为"阿里计划"？一般的老百姓可能以为这与阿里巴巴集团的马云有关系。其实不是，虽然马云已经支持了量子计算机在中国的发展，但他目前并没有投资支持引力波在中国的发展。

　　"阿里计划"这个名称的由来，是因为这个项目是在中国西藏的阿里地区进行的。

　　西藏阿里地区位于青藏高原北部，有"世界屋脊的屋脊"之称。由于海拔高、空气稀薄，是世界上人口密度最低的区域之一，西藏每年的 GDP 也一直是中国最少的，至今也只有 2000 亿

元以下，比东部沿海的一个地级市还要少。但是对原初引力波观测来说，西藏独特的地理环境以及欠发达的经济环境却是极为合适的。不过这里也会有一些麻烦，因为西藏在中国是非常特殊的区域，外国人进出西藏需要办理特殊的通行证，据知情人士告诉我，"阿里计划"的国际合作者有很多是外国人，进出西藏就需要经过特殊的审批手续。

我刚采访张新民研究员的时候，"阿里计划"

张新民在阿里

还在争取中国科学院与自然科学基金委的经费支持，整个项目还没有启动。经过一年的筹备，经费终于下来了。2016 年的农历年底的一天，张新民研究员邀请我去参加"阿里计划"的项目启动会。那是在位于北京市石景山区的玉泉路的中国科学院高能物理研究所内举行的。

当天，中国科学院前沿科学与教育局副局长黄敏、国际合作局美大处孙辉，中国科学院于渌院士、赵光达院士、张肇西院士、武向平院士，以及清华大学、北京大学、中国科学技术大学、西藏大学、台湾大学，中国科学院理论物理研究所、国家天文台、南京天文学技术研究所、上海微系统与信息技术研究所、紫金山天文台、高能物理研究所等 20 家科研单位 80 余名代表参加了此次会议。会议由"阿里计划"项目经理、高能物理研究所研究员卢方军主持。

高能物理研究所所长王贻芳致开幕辞。他感谢自然科学基金委、科技部和中国科学院机关对"阿里项目"的推动和支持，也强调高能物理研究所为"阿里实验"的实施进行了周密部署和细致规划准备并将高度重视、认真组织，为项目顺利实施做好组织保障。

随后，王贻芳宣布阿里原初引力波探测实验正式启动，并宣读了高能物理研究所成立项目经理部及项目办公室，以及任命相关负责人的文件，同时向项目高级顾问郭兆林颁发了聘用证书。

当时，"阿里计划"的科学顾问，美国斯坦福大学研究员郭兆林也提到了为什么要在西藏阿里选址，他说："阿里观测站地处海拔 5000 米以上的青藏高原地区，具有得天独厚的地理环境优势、观测气象条件与配套基础设施。那里大气稀薄、水汽含量少，因此对探测来说，干扰就小，有希望看清原初引力波留下的痕迹。"

总之，为了探测原初引力波，寻找合适的观测点至关重要。全球有 4 个地方适合进行原初引力波的宇宙微波背景探测：位于南半球的智利阿塔卡玛沙漠、南极，以及位于北半球的格陵兰岛和我国西藏阿里。

那么，到底什么是原初引力波呢？

引力波，按照它的产生过程以及频率来分，大概可以分为以下几类。

首先是中子星（根据奥本海默等人的计算，

王贻芳向郭兆林颁发聘用证书

一般质量不会超过太阳质量的 3 倍，属于轻量级选手）、恒星级黑洞等致密天体（几十个太阳质量）的碰撞合并过程——LIGO 最初探测到的引力波就是这一类，其主要频率处于 10 赫兹至 1000 赫兹量级（在本书前面已经估算过，LIGO 首次发现的引力波的频率大概是 100 赫兹），这在整个引力波频谱上来说属于高频段（类似于我们在收音机里用到的高频，也是同样的意思，只不过收音机用到的是电磁波）。从 LIGO 探测到的 29 倍与 36 倍太阳质量的黑洞我们可以看到，这两个黑洞的质量其实很小，因此它们运动起来的速度会快一些——"瘦子跑得快，胖子跑得慢"在宇宙空间里也是这样的。

发出引力波的第二种情况是由质量更小的白矮星（根据钱德拉塞卡的计算，质量大概是 1.4 倍太阳质量以下）系统发出的，当它们靠近的时候也是会发出引力波的。发出这类引力波的天体虽然"更瘦更矮小"，但因为质量太小，引力太弱，所以也不能转得太快，因此引力波频率也就低一些。这类引力波的频率为 10^{-5} 赫兹至 1 赫兹，可通过空间卫星阵列构成的干涉仪来探测，比如欧洲的 eLISA 计划。

发出引力波的第三种情况就是超大质量黑洞（数百万到数亿太阳质量）并合发出的引力波，这些大黑洞因为体型庞大，因此运动速度也会慢很多，发出引力波的频率也会更低。这类引力波的频率为 10^{-9} 赫兹至 10^{-6} 赫兹，探测手段是脉冲星计时，即利用地面上的大型射电望远镜——比如建设在我国贵州平塘的 FAST 望远镜，这些望远镜监视校准若干毫秒脉冲星可以组成一个天网，来间接探测引力波，所谓毫秒脉冲星是指这种星体转得很快，能在 1 秒钟内自转大概 1000 转——比地球上的芭蕾舞演员转得快多了。如果这些毫秒脉冲星附近有大质量黑洞并合时发出的引力波，那么这些毫秒脉冲星的脉冲频率会有变化——这就好像在太平洋上有了地震海啸，那么我们可以看到灯塔的晃动。

除了以上三种情况以外，还有第四种情况，那就是在宇宙的早期剧烈的量子涨落会产生充满整个宇宙空间的引力波，称之为原初引力波。

原初引力波的探测，是依靠对宇宙微波背景辐射的观察来进行的。

什么是宇宙微波背景辐射呢？

早期宇宙是极高温度和极高密度的均匀气体——在这里，著者用词需要非常小心，因为其实宇宙早期的气体不是完全均匀的——随着宇宙的膨胀，尺度因子变大，早期宇宙的温度就反比例地降低了。为什么是反比例降低呢？

因为宇宙的尺度因子和光子波长成正比，随着宇宙的膨胀，尺度因子变大，光子波长正比例变长。同时因为波长和频率的乘积是光速，是一个常数，所以光子的频率与宇宙的尺度因子成反比。又因为光子的能量正比于频率，所以宇宙学红移将引起光子的能量变低。能量在热力学上是波尔兹曼常数和温度的乘积，能量同时与光子频率成正比，所以光子的频率应该与温度成正比。因此总的结果是，尺度因子应该与温度成反比。

一开始，宇宙中是一堆氢离子和氦离子以及电子组成等离子气体，并没有自由光子。

在高中物理中，我们知道，氢原子的最低能级是 $-13.6eV$，所以，只要存在能量超过 $13.6eV$ 的光子气体，氢原子里的电子就会被光子打出来，成为离子状态。这个时候的光子是不自由的，经常与电子碰撞，它们不能跑出来——这就好像一个电影明星穿过一个菜市场，大家都找她签名，明星是不自由的，根本跑不出那个菜市场。

当宇宙的温度降低到退耦温度 (T=0.26eV，相当于 3000K) 以下时，质子与电子才会结合起来生成氢原子。当大多数自由电子被质子俘获后，这个时候光子自身的能量也降低了，光子就可以自由地在宇宙中传播，即宇宙对光子变得透明了——这发生在宇宙大爆炸的 38 万年以后。这就是我们能够观察到的宇宙中最早也是最古老的光，它携带了宇宙大爆炸后遗留下来的信息。由于宇宙学红移，现在观察到大爆炸后遗留下来光子频率的极大值已经移动到了微波波段，这就是宇宙微波背景辐射 (CMBR，Cosmic Microwave Background Radiation)。

宇宙微波背景辐射被发现的历史故事也是非常有趣的。

1965 年，贝尔实验室的工程师彭齐亚斯和威尔逊意外地发现了宇宙最早的光。他们在波长为 7.35 厘米的长波段发现了温度为 3.5K 的不明信号——这个温度是根据电子学里的纳奎斯特定理估计出来的。这个信号非常特别，就是无论你如何改进探测仪器，它永远如影随形，不可消除。这个信号甚至与时间无关，与空间无关。也就是说，在任何季节，这个信号都存在，在天空的任何方向，这个信号也存在。

作为工程师，彭齐亚斯和威尔逊完全不懂宇宙学，他们刚开始以为，这事情真是见鬼了，他们甚至清除了微波天线上的鸽子粪，但这个神秘信号依然存在。于是他们把观测结果写了一篇 1000 字的文章发表出去了，意思是在排除了微波天线上的鸽子粪以后，这些信号依然存在。他们指出这个神秘信号是来自远处的辐射背景，但具体是什么需要得到科学家的解释。

普林斯顿大学的科学家迪克和皮伯斯也在同一期的《天体物理杂志》

上详尽地讨论了彭齐亚斯和威尔逊发现的信号的宇宙学意义：这个信号可能来自宇宙大爆炸。

当然，为了更加严格地验证宇宙微波背景辐射确实是来自宇宙大爆炸的黑体辐射谱。1989年，美国宇航局曾发射过一颗宇宙背景探测者卫星（COBE），证实了这个结论。为什么要发卫星呢？因为地球上的大气对电磁波有吸收，高精度的探测必须在大气层外，所以发射卫星是最好的选择。COBE在0.1～10毫米的三十几个不同波长上安置了微波接收器，对背景辐射做精确测量。卫星上天不久，辐射谱的观测结果就得到了，用黑体辐射公式来拟合，竟可定出四位有效数字的辐射温度，宇宙微波背景的温度全是2.735 K。这也表明其辐射源的热平衡程度很高。至此，早期宇宙是一个高度热平衡的均匀气体已无可置疑了。1992年，COBE还观测到了宇宙微波背景辐射在不同方向上存在着微弱的温度涨落。这个结果被霍金认为是人类科学历史上最杰出的发现之一，因为只有在均匀的宇宙背景里找到涨落，我们的星系和生命才可能形成——否则就是"水至清则无鱼"。

因此宇宙微波背景辐射是宇宙大爆炸遗留下来的目前唯一可以观测的遗产。

对于原初引力波来说，情况与宇宙微波背景也类似，它也是宇宙大爆炸的遗产。但原初引力波不能被直接探测到，只能通过间接的方式来处理。

就目前来说探测原初引力波最好的方式是宇宙微波背景辐射的偏振（或极化）实验。与高频引力波实验不一样，宇宙微波背景辐射的偏振实验探测的引力波频率范围处于10^{-17}赫兹至10^{-15}赫兹，这是低频区域。

宇宙微波背景辐射充满了整个宇宙，并携带了大量的关于宇宙早期的信息。从天空的各个方向朝地球发射而来，这些光子具有偏振。在一开始，由于光子被不停地散射，表现为没有偏振的自然光。后来，自然光经历最后一次散射就形成了偏振光，并遗留了下来。这就好像是光子的"基因"一样，一直伴随着光子一路狂奔。

宇宙微波背景的偏振图像可分解为两种独立的模式，一种是 E 模式，一种是 B 模式。所谓 E 模式就是类似于点电荷的电场线的模式，而所谓 B 模式就是类似于磁力线的自我封闭的圆周模式。

问题的关键在于，只有引力波的存在才会引起宇宙微波背景中的光子的 B 模式偏振的产生。因而，如果我们能探测到宇宙微波背景中的 B 模式偏振就相当于探测到了原初引力波。

这里面还有一个几年前很轰动的故事。

2014 年 3 月，美国哈佛大学领导的 BICEP2 合作组宣布测量到原初引力波产生的 B 模式偏振信号。BICEP2 合作组是在南极工作的，中国出身的年轻物理学家苏萌也曾经参与这个项目。

苏萌是 80 后，山西太原人，本科就读于北京大学物理系，曾经在北京师范大学听梁灿彬教授讲授的"微分几何入门与广义相对论"课程，他本科毕业后出国去哈佛大学攻读博士学位，参与南极的原初引力波探测项目，成为年轻有为的原初引力波探测的人才。

有一天，苏萌回国，与我在北京北四环的未来广场购物中心吃饭，他谈到"阿里计划"的时候表示，"阿里计划"在中国的西藏阿里地区实施，拟采取中美合作的方式进行，其技术方案与南极的项目相似，只不过覆盖

的天区不一样，南极的微波探测器只能看到南天空，而阿里的探测器能看到北天空，因此可以形成互补。

说回到南极的那个引力波探测项目，虽然当时开了新闻发布会引起了轰动，但此后空间望远镜的进一步研究发现，BICEP2 观测的天区受到较强银河系本身的"前景"辐射干扰，无法确证信号来源于早期宇宙。也就是说，引力波没有被发现，大家这才发现是一次乌龙事件。

但是，南极的项目虽然暂时没有新的发现，但中国的"阿里计划"却不能望而却步，因为南极只能看到南天空，而在西藏可以看到北天空，

苏萌与张轩中（右）合影

因此可以形成互补，而且一旦发现引力波，双方可以相互验证，不会形成孤证。

迄今为止，已经建造和正在规划中的地面宇宙微波背景辐射望远镜，集中在发展相对成熟的智利天文台和美国南极极点科考站两个台址。欧洲空间局则发射了造价数亿欧元的 Planck 卫星，也可以探测宇宙微波背景辐射。通过 Planck 卫星的观测结果可以知道在北半球天区存在大面积"低前景"区域，受银河系自身辐射的污染小，是寻找 B 模式偏振信号的重要窗口。

2014 年中国的科学家们开始规划原初引力波观测计划，时隔两年多之后这一计划终于得到落实，到 2016 年底阿里项目已申请科研经费 1.3 亿元人民币，计划建成世界上最灵敏的原初引力波探测实验项目。整个项目总共需要几千个用来探测微波的蜂窝探头，初步估计这些探头的市场价格在 2000 万 ~ 4000 万美元。因此，如果"阿里计划"采取与 BICEP2 同样的设计，那么其材料费用预计也许可能会稍微高于 1 亿元人民币。微波蜂窝探头所涉及的技术是非常核心的关键技术，与高精度雷达技术相似，而且，高精度雷达的工作频率也可以覆盖到原初引力波探测所要求的 100GHz 附近。

因此，目前看来，"阿里计划"已经有天文台的基础，建设周期短，"阿里计划"最容易率先取得突破。从某种意义上说，对引力波探测计划，政府可以支持，甚至民间也可以支持，比如把"阿里计划"探测器或者观测到的数据取名字叫"巴巴"，那么也可以请求阿里巴巴集团这样的大财团进行资助，毕竟科学在中国的发展也需要全民的参与呢。

外一篇

在这里，我们可以来回顾一下宇宙学的建立与发展过程。

1916 年爱因斯坦把他的广义相对论方程写出来以后，开始考虑的一件事情是如何从他的方程得到我们生活其中的宇宙。他成了现代宇宙学的开拓者，爱因斯坦的雄才大略在这一件事情上体现得淋漓尽致。这种气质在科学家中是极其少见的，赫胥黎《天演论》第一句也有过类似的气质："赫胥黎独处一室之中，在英伦之南，背山而面野，槛外诸境，历历如在机下。乃悬想二千年前，当罗马大将恺彻未到时，此间有何景物。计唯有天造草昧……"

爱因斯坦也是这样，他在斗室之中通晓天地之变、阴阳之道，但他用的是数学物理的方法做《天演论》。爱因斯坦时代的数学物理语言现在看来已经有点过时了，在思想上他大体上用广义相对论代替牛顿引力来研究宇宙。我们换一个比较现代的说法来介绍一下宇宙的几何学。

宇宙是一个四维流形，要研究它的演化，就是要研究三维空间超曲面如何在时间里演化。宇宙空间的演化要满足爱因斯坦方程。除了爱因斯坦方程，三维空间超曲面上的初始数据，也就是曲率和外曲率，与四维时空的曲率，相互之间要满足微分几何里的高斯 – 科达奇方程。

爱因斯坦提出了一个宇宙学原理，它涉及宇宙的空间部分，该原理说：我们的宇宙，在空间上是均匀的，各向同性的（就是说朝天空的各个方向看都是没有区别的）。这一个原理在几十年后找到了实验根据的，那就是 1965 年发现的宇宙微波背景辐射，当时就发现这个背景相当均匀，也有各向同性（当然这个背景也不是绝对均匀的，这种微小的不均匀性形成了我们的星辰大海）。

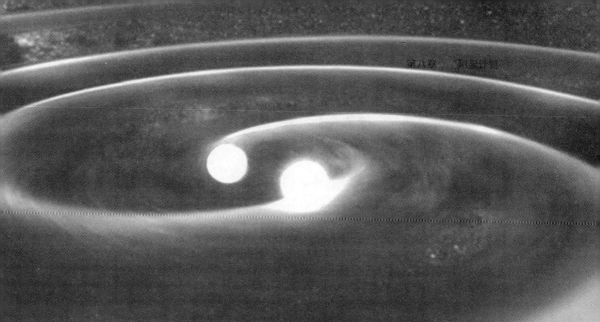

第九章

中国大陆的引力波研究

（一）

通过前面的介绍，读者们应该对引力波研究有了基本的了解，现在我们可以来说说中国大陆的引力波研究。不得不承认的是，中国在这方面的人才储备其实比较匮乏。中国的引力波研究，一开始是受到了美国的影响。

101

1969 年，美国马里兰大学有一个叫韦伯的实验物理学家发表文章，说他找到了引力波，他还说：只有死鱼才顺着潮流漂流。

韦伯 1919 年出生于美国新泽西州，他在第二次世界大战的时候是一名海军军官。战争结束之后，他成为马里兰大学的工程系教授。但是，韦伯对相对论产生了浓厚兴趣，他于是到普林斯顿高等研究院追随惠勒学习相对论。后来韦伯从马里兰大学的工程系转到物理系当教授。

韦伯制造了一个探测引力波的"天线"。他的"天线"，就是一个铝制的大圆筒。

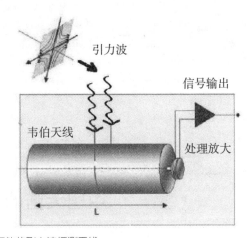

韦伯与他的引力波探测天线

当时韦伯建造了一个长 2 米、直径为 1 米、质量为 1000 千克的铝质实心圆柱，用细丝将圆柱悬挂起来，这样就能使得振动时的能量损失率很小。当引力波传过来的时候，这个铝圆柱子可能会发生共振，从而抖动起来，这就是探测引力波的基本原理。人们将这种棒状的（大铝筒）引力波探测器称为韦伯棒，韦伯也从此名扬天下。但实际上他的这个圆柱体很难探测到引力波，原因就是这个圆柱体的共振频率非常狭窄，需要"瞎猫碰到死耗子"才能探测到频率接近的引力波。根据计算可知道韦伯棒的固有频率在 500 ~ 1500 赫兹的范围内，属于高频引力波。如果引力波的频率跟铝筒的共振频率一致，便会引起它的收缩和拉伸效应，将这种效应通过安装在圆柱周围的压电传感器检测出来，转换成电信号并使用电子线路进行放大后输出，便可得到相应的引力波的图像。

1969 年，韦伯宣称他的大铝棒探测到了引力波。那时候中国正处于"文化大革命"时期，科学研究工作受到很大干扰，自然不能跟进韦伯的工作。

但是，接下来在国外又发生了一件与引力波有关的事情。

1974 年，美国马萨诸塞大学的赫尔斯和泰勒用射电望远镜发现了第一颗脉冲双星 PSR1913+16（其实这 2 颗星里只有一颗是真的脉冲星，另外一颗并不是脉冲星），这个系统包括两颗相互绕转的中子星（当然也许是夸克星也不一定，这事情说不好）。根据广义相对论，两颗中子星相互绕转会由于引力辐射而损失能量，这两颗中子星的距离会变得越来越接近，会以更快的频率绕转（靠得越近，转得越快）。

赫尔斯和泰勒经过上千次观测，在 1978 年他们对外宣布了此脉冲双星轨道周期变化率的观测结果，发现周期变化率为每年（2.71 ± 0.10）$\times 10^{-9}$，与广义相对论中按四极辐射公式计算的理论值（2.715 ± 0.002）$\times 10^{-9}$ 误差范围不超过 1%。他们把 4 年来观测双星的结论公布于世，发现按照引力波辐射的规律，双星的轨道衰减可以被预言——这相当于是间接探测到了引力波。这就好像你在伸手不见五指的雨夜里旋转一把雨伞，你感觉到雨伞变轻了一点点，你知道一定是雨伞上的水被你甩出去了。

就在国外的引力波研究成果涌现出来的时候，"文化大革命"已经结束了，中国也恢复了研究生的招生工作。当时在中国已经有人在研究引力波，其中最主要的是北京大学的胡宁研究组（胡宁是引力波研究的专家，曾经在英国留学的时候就从事过引力波的研究，他的研究小组成员有章德海等人），以及北京师范大学的一个"年轻"的相对论研究小组，当时由刘辽先生创建，小组成员有赵峥、桂元星等人。

1978—1980 年，赵峥在北京师范大学跟刘辽先生读相对论方面的研究生，他们计算了 PSR1913+16 的引力辐射（因为当时能看到的赫尔斯和泰勒的文章里只有观测结论，没有详细的计算推导过程），也取得了一些研究成绩。

1985 年以后到 2000 年以前，在中国做过引力波探测的实验方向的人还包括中国科学院高能物理研究所的朱宁、李永贵等人。

在南中国的中山大学，也有一个探测引力波的研究组。他们主要是用韦伯棒的方式来探测引力波，但韦伯棒是不太可能测到真正的引力波的，因此，中山大学的实验也不是很成功。当时负责这个实验的陈姓科学家还在实验过程中不幸触电身亡，为科学付出了生命的代价。这位牺牲的教授在中国鲜为人知，也许是媒体没有注意到这个极其悲壮的故事。

我最早听说这个牺牲的教授的故事，是在 2006 年左右，那时候我在北京师范大学的引力组读研究生。那时候北京师范大学的引力组的创始人刘辽教授还健在，他自己也做一些德西特时空上的引力波方面的理论工作。

当时因为宇宙暴胀理论很流行，加上阿根廷的年轻物理学家马德西纳

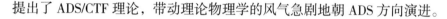

提出了 ADS/CTF 理论，带动理论物理学的风气急剧地朝 ADS 方向演进。

什么是 ADS，术语叫做反德西特时空。

与反德西特时空相对应的，则是德西特时空。

中国科学院理论物理所的郭汉英教授也还在世，当时他一直在研究德西特空间上的狭义相对论。在这种背景下，当年，做理论物理的人到了"言必称德西特"的地步。刘辽教授则试图证明，在德西特时空中，是不存在引力波的。

在那个时代，我能在市场上买到的讲引力波的科普书，只有一本叫做《相对论与时空》的科普书，这本书的作者叫陈应天。在书中，这位叫陈应天的人，写到自己在马来西亚探测引力波的一些故事。陈应天是一个神秘的人物，我当时并没有见过他，他似乎已经在相对论这个圈子里消失了。

2016 年 3 月 2 日，北京有一点小小的雾霾，我代表"蝌蚪五线谱"在北京对引力波探测事业的先驱者、剑桥大学博士、原华中科技大学物理系主任、北京应天阳光太阳能技术有限公司首席科学家陈应天教授进行了独家专访。

陈应天看起来已经离开了引力波探测的领域很多年了，他在一个神秘的地方做太阳能光伏的产业化。

陈应天告诉我，他在英国剑桥大学工作期间，他与卡文迪许实验室主任库克出版过一本万有引力探测方面的专著。此书由剑桥大学出版社在 1994 年出版，在书中，"处理了引力实验中的很多噪声问题"。

　　陈应天与赵峥都是中国科技大学毕业的，他们很熟，因为我是赵峥老师的学生，所以陈应天对我说了很多知心话。在访谈中，陈应天告诉我，1977 年华中工学院（现在的华中科技大学）老校长、著名教育家朱九思帮助他从山东调到位于湖北武汉的华中工学院力学系。1979 年，陈应天在华中工学院讲广义相对论课程，写了一本叫做《相对论时空》的讲义作为教材，当时听课的学生济济一堂，有 200 余人。

　　陈应天于 1980 年得到英国皇家学会资助前往英国剑桥大学做访问学者。库克给了陈应天一个万有引力的题目，就是让他计算一个圆柱体的引力势能分布，陈应天依靠他超强的手工计算能力，花了一个礼拜的时间，通过贝塞尔函数等应用数学手段，最后用第一类第二类直到第三类椭圆积分的办法，把圆柱体的引力势在空间的分布的解析式写了出来。

　　陈应天的这一解析计算结果引起了库克的兴趣，库克立刻给了陈应天一张支票，叫陈应天去买一个计算器（带有多项式计算功能的那种计算器），计算出具体的数值。

　　陈应天买了计算器以后，通过那个解析表达式把数值算了出来，库克拿到数据后，把这数据与 20 世纪 40 年代一个"大牛"的计算结论做了对比，发现陈应天的计算数值一共 10 位有效数字，前 8 位与 20 世纪 40 年代的那个"大牛"的结果是吻合的。

　　后来，陈应天计算的这个解析表达式被称为"库克-陈"公式。

　　陈应天也在加州理工学院工作过（1986—1988 年，陈应天在华中工学院指导研究生，同时在加州理工学院工作，当时在加州理工大学已经诞生了 LIGO 的实验方案的雏形），但陈应天是很敏感的精英知识分子——他在加州理工学院偶然能感受到一种对华人的微妙歧视，于是后来他离开了。

陈应天在华中工学院从事引力实验的研究，则是这样开始的……

1983年，已经在英国剑桥大学获得博士学位的陈应天回到了华中工学院，被破格提拔为副教授、教授，后来马上被任命为物理系主任。为了能让陈应天能继续他在剑桥大学时的工作，系总支书记张秀梅为他组织了一个引力研究小组，当时的研究生有张学荣和罗俊；研究室秘书为刘宁，是从党委办公室调来的；还有一位工人李建国。

一天晚上，朱九思院长在华中工学院的老招待所召集会议，党委副书记梅世炎也参加了，陈应天当然也在现场。这次会议的目的是要建造一个引力实验室，相当于把陈应天在英国剑桥大学卡文迪许实验室所做的工作复制到中国的华中工学院来——以当时中国的技术储备，这个想法看起来似乎有点天方夜谭的味道。

朱九思："陈应天啊，你在剑桥大学已经掌握了库克的那套测引力常数的东西了，现在如果我们自己做，你觉得可以吗？"

陈应天："主要是需要比较好的外部条件。"

朱九思："出个几百万，动员我院的技术力量，外部条件是可以创造的，我看关键还是你在剑桥大学所用的那些精密设备，我们有钱没处买。"

陈应天："我可以说服剑桥大学卡文迪许实验室主任库克教授，把我正在使用的一些设备捐献给华中工学院，因为库克一直动员我着手引力波的探测工作，对引力常数测量的工作可以挪到华中工学院来做。"

会议一直开到深夜，由于引力实验对恒温、隔振、电磁屏蔽等要求极高，朱九思采纳了陈应天的意见，决定把实验室建在喻家山下的人防山洞中。

引力实验室的建造阶段，按照陈应天的建议，华中工学院调动了机一系、自动控制系等十几位有设计经验的老师和工程师组成了建造小组，陈应天根据卡文迪许引力测量实验室的设计和经验从施工到电器设计、实验室的布局、实验设备的放置、除湿、防震、隔音、磁屏蔽、电屏蔽、测量人员的工作环境等都做了精心规划和设计，当时武汉市认为利用人防工事作为实验室，可以做到战闲结合，十分支持。

鉴于陈应天取得的成绩，英国剑桥大学的库克教授一直对陈应天十分赏识，所以在陈应天的主张下，同意将卡文迪许实验室的引力测量设备，全部无偿捐献给陈应天在华中工学院的引力实验室。这中间有许多设备是当时的中国所没有的，包括高稳定性的锁相放大器，具有6位有效数字高精度的引力质量、均匀性非常好的50微米的钨丝、线性位置传感器、无铁磁性的旋转工作台、当时最先进的控制电脑等，这些设备的价值大约是10万英镑。

因此"海归"陈应天于1983年10月回到中国，可以说是"带着设备来的"。陈应天教授为喻家山防空洞里的引力实验室夜以继日地工作，可以说是"创建有功"。当时陈应天对山洞的实验室所定的研究方向是用共振法测量引力常数，对此陈应天同当时的学校领导有如下的对话。

朱九思："我们山洞实验室能不能做出世界最好的结果？"

陈应天："肯定不能。万有引力常数 G 是人类最早认识和测量的物理学基本常数，也是迄今为止测量精度最差的常数，因此备受各国科学家关注。由于这项工作应用到材料工业、度量技术、控制技术等方面的最高的水准，所以对引力常数的测量的水平反映了一个国家的工业水平的高低。我虽然带回来了英国一些高级设备，有一些帮助，但是对于应用在引力测量方面

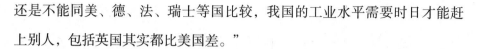

还是不能同美、德、法、瑞士等国比较，我国的工业水平需要时日才能赶上别人，包括英国其实都比美国差。"

朱九思："那你在英国做的世界水准是怎么来的？"

陈应天："对引力常数的测量是绝对测量，我和库克在验证引力定律方面的工作是相对测量，我们发现了一些巧妙的理论计算方法。"

朱九思："我们要用世界最好的人才，建造世界最好的引力实验室，剑桥大学叫它实验室，我们就叫它引力中心，你做引力中心主任。"

陈应天："谢谢，我们的中心应该有一些特点。在我看来，我们在测量精度上可能比不上别人，但是在测量方法上，我们会独树一帜。传统的测量方法是应用扭称，现在世界最好的方法是用扭摆周期法，我现在提出的是扭摆共振法。我已经在英国建造了无铁磁性的转台，专门用于共振法测量，库克教授已同意完全交付给我在中国使用，我们的中心几年之内可能会有成果的——起码在测量方法上一定会有成果的。"

但陈应天同时保留着在国外的工作，由于剑桥大学库克教授的几次催促（库克教授不能没有得力干将啊），陈应天于 1984 年 4 月回到英国（这事情看起来有点像"以设备换人才"啊）。

作为华中工学院引力实验中心的主任，陈应天回到英国后，于 1985 年 12 月、1987 年 3 月、1987 年 7 月、1989 年 2 月多次回到华中工学院（1988 年，更名为华中理工大学），进行共振法对引力常数进行测量的研究，并于 1989 年取得阶段性的成果，在《华中理工大学学报》专门报告了他们的结果。

当时陈应天等人在华中理工学院引力实验中心测得的牛顿万有引力常数 G 的有效数字的结果为 6.6724 ± 0.0087，测量精度约为千分之一。当时国际最高测量精度近万分之一，所以在精度上与国际最高水平还有一点差距。

对于这个引力中心成立 6 年了并且花费了巨资，做出的第一个研究成果，当时曾经有人问到陈应天为什么精度这么差？陈应天说："这个对外行人是说不清楚的，这样说吧，此测量从卡文迪许开始已经有了两百年了。我们的基本手段还是扭称，前人并不比我们笨呐，实际上 G 的测量不是完全由实验室决定的，也不是完全由实验者的主观深入和勤奋决定的。它必须有实验室以外的社会上许多部门的共同参与、共同贡献才行，是由一个国家的工业水准决定的。美国标准计量局卢瑟（Luther）教授的研究梯队用了十几年的工夫，才前进了一小步。我们必须十分严谨和真实。如果我在华中理工大学的实验中心再花费 20 年能得出一个使人信服的数据，我们也算是对人类做出巨大贡献了。"

后来，陈应天在马来西亚（在时任马来西亚总理马哈蒂尔的直接支持下）从事过引力常数测量以及引力波探测的工作，他被业界誉为是极早期从事引力实验的华人先驱者之一。

外一篇

在本章中，我们提到了德西特时空，这到底是什么呢？我可以给大家补充说明一下。

以前爱因斯坦的狭义相对论，是在闵氏时空上建立的，也就是说，狭义相对论在闵氏时空的等度量群（庞加莱群）下不变。之后才有了广义相对论。但是，闵氏时空天生有它的两个兄弟，这两个兄弟就是德西特时空与反德西特时空。

假如时光回到 1905 年，爱因斯坦当然也可能在（反）德西特时空上建立了狭义相对论。

说了那么多"德西特"，我们可以回顾一下爱因斯坦和荷兰的德西特教授的一些交往。

那是在 100 年前的事情了，1916 年春天，从荷兰的莱顿大学寄到英国剑桥大学的信笺中有一份《广义相对论基础》的单行本。原来，这篇文章是由英国皇家天文学会的通讯会员德西特教授刚从德国的爱因斯坦那里收到的论文。德西特教授把它寄给了剑桥的爱丁顿教授，后者是皇家天文学会的学术秘书。为什么爱因斯坦不直接把文章寄给爱丁顿？因为那是第一次世界大战时期，德、英是交战国。

爱因斯坦当时把广义相对论的文章写出来以后，其实需要一个伯乐来评价他这个千里马，而爱丁顿是很合适的人选。爱丁顿一眼就看出爱因斯坦的这篇论文具有划时代的意义。爱丁顿也马上开始研究广义相对论，同时请德西特写三篇介绍广义相对论的文章，发表在皇家天文学会的会刊上。这三篇文章引起了英国科学界的广泛注意。

正因为有这个历史机缘，德西特也迅速地进入了爱因斯坦开创的相对论领地，他建立了和爱因斯坦、爱丁顿的友谊。

下图是一张合影的照片，在这张照片中，中间的小矮个爱伦菲斯特后来有 2 个学生提出了电子自旋的概念，为荷兰科学界赢得了荣誉。而德西特则在 1917 年就得到了爱因斯坦的方程带宇宙项的最大对称解，这个解就是上面说过的"德西特时空"，或者叫"德西特宇宙"。德西特宇宙是一个永远暴胀的宇宙，因此可以描述宇宙极早期的暴胀阶段——在这个宇宙中，包括了正的宇宙常数项。正的宇宙常数能产生负的压强，所以能产生与引力不一样的排斥力。

第一排从左至右是爱丁顿和洛仑兹，第二排从左至右是爱因斯坦、爱伦菲斯特和德西特，照片拍于1923年9月的荷兰莱顿天文台

第十章 | 引力波探测获得2017年诺贝尔物理学奖

在本书快要出版的时候，2017 年 10 月 3 日，诺贝尔奖委员会宣布 2017 年诺贝尔物理学奖授予雷纳·韦斯教授、基普·索恩教授、巴里·巴里什教授。三位科学家的获奖理由是：他们对 LIGO 探测器和观测引力波的决定性贡献。

雷纳·韦斯　　　　基普·索恩　　　　巴里·巴里什

其中麻省理工学院的韦斯得到了二分之一的奖金（350万元人民币左右），而加州理工学院的索恩与美国物理学会前任主席巴里·巴里什分享了另外一半的奖金。

在本书的前面章节，我们已经介绍了韦斯与索恩，他们得奖是没有争议的，而巴里·巴里什属于"捡漏"。

本来的引力波三巨头应该是韦斯、索恩以及德雷弗（Ronald Drever）。但在2017年年初，德雷弗不幸去世了。德雷弗以前在英国的格拉斯哥大学做引力波，后来跳槽到了加州理工学院继续做引力波实验。他对于悬挂系统有很深的造诣，因为在引力波的探测器中，反射激光的镜子必须保持静止，这就需要悬挂起来，而德雷弗在这部分机械设计中功劳很大。不过，后来因为观点分歧，德雷弗离开了LIGO项目。

　　巴里·巴里什其实是一个管理者，相当于我们中国人说的"领导"，他出生在内布拉斯加州的奥马哈，在 2017 年的时候已经 81 岁了。他 1957 年获得物理学学士学位，1962 年获得加州大学伯克利分校的实验高能物理的博士学位。1963 年他加入加州理工学院。巴里·巴里什在美国自然科学基金会国家科学委员会批准资助该项目中发挥了重要作用，并对 LIGO 的建造和交付使用发挥了重要作用。他还创建了 LIGO 的科学合作组织（LIGO Scientific Collaboration），目前该组织全球的合作者已经超过1000 个。巴里·巴里什是做超级超导对撞机出身。只不过因为超级超导对撞机项目被美国国会砍掉以后，他才辗转加入到了 LIGO 项目。

　　不过，这次颁奖似乎是有点急躁了。引力波被探测到，这个其实是 LIGO 一家之言，虽然 2017 年年中意大利的引力波探测器 Virgo 项目组也声称探测到了引力波，但毕竟 Virgo 的精度还不够高——它的激光干涉仪的长度只有 3 千米。

　　2015 年 12 月 26 日、2017 年 1 月 4 日、2017 年 8 月 14 日，LIGO 先后三次探测到黑洞并合产生的引力波。LIGO 宣布发现的四次引力波都没有相应的电磁对应体被发现（也就是没有电磁辐射被地球上的天文台接到）。因此，也许等到 2018 年颁发，会显得更合理一些。

　　既然引力波探测已经获得 2017 年诺贝尔物理学奖，那么我想在这本书中介绍一下引力波涉及的相关知识——尤其是引力波的辐射强度的计算以及双黑洞的啁啾质量（chirp mass）与引力波辐射频率的关系。

广义相对论认为，万有引力本质上是一种几何效应，是时空弯曲的表现。

在牛顿理论中，万有引力是瞬时传播的，从一点传播到另一点不需要时间，也就是说引力的传播速度可视为无穷大。但在爱因斯坦的广义相对论中，时空弯曲情况（即万有引力）的传播速度不是无穷大，万有引力的传播速度其实与所谓的引力波的传播速度是一样的，都是光速。

广义相对论的基本方程是爱因斯坦引力场方程

$$R_{\mu\nu} - \frac{1}{2} g_{\mu\nu} R = -\kappa T_{\mu\nu} \qquad (\mu, \nu = 0, 1, 2, 3)$$

在四维时空下，如果不考虑对称性，由于 μ 和 ν 各有四种取值方式，因此爱因斯坦场方程共有 16 个；即便考虑 μ 和 ν 对称，也还有十个方程，因此求解非常困难。方程的左边表示时空弯曲的情况，是几何量；其中 $g_{\mu\nu}$ 是度规张量；$R_{\mu\nu}$ 和 R 分别为里奇张量和曲率标量，它们是由度规及其一阶导数和二阶导数组成的非线性函数。方程的右边是物质项，$T_{\mu\nu}$ 是能量动量张量，由物质的能量、动量、能流和动量流组成。式中常数

$$\kappa = \frac{8\pi G}{c^4}$$

其中，G 是万有引力常数，c 是真空中的光速。这个常数是如此之小，我们也可以从中看出：时空是很难弯曲的，只有巨大的能量动量张量，才能引起可观的时空弯曲。

在地球附近对引力波的探测，一般都离波源较远。因此在远离引力波源的情况下，可以采用弱场近似，度规按如下形式分解：

$$g_{\mu\nu} = \eta_{\mu\nu} + h_{\mu\nu}$$

其中，$\eta_{\mu\nu}$ 是平坦时空度量，而 $h_{\mu\nu}$ 就是弱场微扰，其中 $h_{\mu\nu}$ 远远小于 $\eta_{\mu\nu}$。这就是说引力波对时空的影响犹如湖面泛起的涟漪，而不是波涛汹涌的海

面。为了方便计算和分析，广义相对论中常常使用谐和坐标条件，此时广义相对论的引力场方程变为

$$\Box \bar{h}_{\mu\nu} = -\frac{16\pi G}{c^4} T_{\mu\nu}$$

其中，$\bar{h}_{\mu\nu} = h_{\mu\nu} - \frac{1}{2}\eta_{\mu\nu}h$。

在真空情况下，我们可以得到

$$\Box \bar{h}_{\mu\nu} = 0$$

这就是引力波的线性波动方程。而 $\bar{h}_{\mu\nu}$（或者说 $h_{\mu\nu}$）与下文提到的引力波多极展开后的两种偏振模式的强度有关。

因此，当我们当把引力按多极展开的时候，它和具有偶极辐射的电磁波不同，其最低阶为四极辐射。而四极辐射比偶极辐射要弱得多，因此探测引力波比探测电磁波困难得多。四极辐射又分为"×"和"＋"两种模式，其振幅分别为

$$h_+(t, \theta, \phi) = \frac{1}{r}\frac{G}{c^4}\Big[\ddot{M}_{11}(\cos^2\phi - \sin^2\phi\cos^2\theta) + \ddot{M}_{22}(\sin^2\phi - \cos^2\phi\cos^2\theta) -$$

$$\ddot{M}_{33}\sin^2\phi - \ddot{M}_{12}\sin 2\phi(1+\cos^2\theta) + \ddot{M}_{13}\sin\phi\sin 2\theta + \ddot{M}_{23}\cos\phi\sin 2\theta \Big],$$

$$h_\times(t, \theta, \phi) = \frac{1}{r}\frac{G}{c^4}\Big[(\ddot{M}_{11} - \ddot{M}_{22}) + \sin 2\phi\cos\theta) + 2\ddot{M}_{12}\cos 2\phi\cos\theta -$$

$$2\ddot{M}_{13}\cos\phi\sin\theta + \ddot{M}_{23}\sin\phi\sin\theta \Big].$$

其中M_{ij}为质量四极矩（second mass moment）。它们表示在引力波源一定距离内，这两种模式随时间和探测角度如何变化。

对于双黑洞以圆轨道绕转的情况，我们可以用本书前面介绍双星系统的时候介绍过的办法，通过定义等效质量$\mu = \dfrac{m_1 m_2}{m_1 + m_2}$的方法可以将系统化为单体问题，即看作是质量为$\mu$的黑洞以半径$R$做圆周运动。设运动发生在$xy$平面上，则有

$$x = R\cos\left(\omega t + \frac{\pi}{2}\right)$$

$$y = R\sin\left(\omega t + \frac{\pi}{2}\right)$$

$$z = 0$$

质量四极矩由$M_{ij} = \mu x_i x_j$计算得到，其中不为零的分量为

$$M_{11} = \mu R^2 \frac{1 - \cos 2\omega t}{2}$$

$$M_{22} = \mu R^2 \frac{1 + \cos 2\omega t}{2}$$

$$M_{12} = -\frac{1}{2}\mu R^2 \sin 2\omega t$$

代入上面的公式可以得到

$$h_+(t,\ \theta,\ \phi) = \frac{1}{r}\frac{4G\mu\omega^2 R^2}{c^4}\left(\frac{1 + \cos^2\theta}{2}\right)\cos(2\omega t + 2\phi)$$

$$h_\times(t,\ \theta,\ \phi) = \frac{1}{r}\frac{4G\mu\omega^2 R^2}{c^4}\cos\theta\sin(2\omega t + 2\phi)$$

其中r是波源到观测点的距离。原则上到这里，引力波辐射的强度就可以被计算出来。

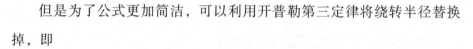

但是为了公式更加简洁，可以利用开普勒第三定律将绕转半径替换掉，即

$$\omega_2 = \frac{G\,(m_1+m_2)}{R^3}$$

得到

$$h_+(t,\ \theta,\ \phi) = \frac{1}{r}\frac{4G^{\frac{5}{3}}\pi^{\frac{2}{3}}f_{GW}^{\frac{2}{3}}m_1m_2}{c^4(m_1+m_2)^{\frac{1}{3}}}\left(\frac{1+\cos^2\theta}{2}\right)\cos(2\omega t+2\phi)$$

$$h_\times(t,\ \theta,\ \phi) = \frac{1}{r}\frac{4G^{\frac{5}{3}}\pi^{\frac{2}{3}}f_{GW}^{\frac{2}{3}}m_1m_2}{c^4(m_1+m_2)^{\frac{1}{3}}}\cos\theta\sin(2\omega t+2\phi)$$

同时，在本书前面章节，我也已经介绍过引力波频率等于绕转频率的两倍，因此在这里我们利用 $f_{GW} = \frac{2\omega}{2\pi}$ 替换掉了 ω。注意到引力波振幅实际上是跟两个质量参数（m_1，m_2）的某种组合有关，而不是直接跟 m_1、m_2 有关，所以我们可以定义啁啾质量

$$M = \frac{(m_1+m_2)^{\frac{3}{5}}}{(m_1+m_2)^{\frac{1}{5}}}$$

来得到两种模式振幅的最终结果

$$h_+(t,\ \theta,\ \phi) = \frac{4}{r}\left(\frac{GM}{c^2}\right)^{\frac{5}{3}}\left(\frac{\pi f_{GW}}{c}\right)^{\frac{3}{2}}\left(\frac{1+\cos^2\theta}{2}\right)\cos(2\omega t+2\phi)$$

$$h_\times(t,\ \theta,\ \phi) = \frac{4}{r}\left(\frac{GM}{c^2}\right)^{\frac{5}{3}}\left(\frac{\pi f_{GW}}{c}\right)^{\frac{3}{2}}\cos\theta\sin(2\omega t+2\phi)$$

因此，非常值得强调的是：如果不使用本书前面介绍过的 EOBNR 理论模型进行计算机数据分析，但就探测到双黑洞合并发出引力波的振幅实际

上并不能推出这两个黑洞的质量各是多少，我们只能推出啁啾质量。实验上探测得到的引力波强度跟振幅的关系为

$$h^2 = \frac{1}{2}(h_{+,\max}^2 + h_{\times,\max}^2)$$

$$h = \frac{4}{r}\left(\frac{GM}{c^2}\right)^{\frac{5}{3}}\left(\frac{\pi f_{GW}}{c}\right)^{\frac{2}{3}}$$

这就可以用来直接估算双黑洞合并发出的引力波的振幅。代入 GW150914 引力波事件中各参数具体的值，计算得到引力辐射振幅

$$h \approx 2.4 \times 10^{-21}$$

这也是实验上可以探测的物理量，因为在引力波干涉探测仪上，$h = \dfrac{\Delta L}{L}$。其中 L 是干涉仪的有效臂长，而 ΔL 则是引力波经过后对臂长的影响。

接下来我们推导啁啾质量跟引力波频率及频率导数的关系。

双黑洞绕转时发出引力波会带走能量，所以轨道并非是稳定的圆或者椭圆。系统的总能量是

$$E_{\text{tot}} = T + V = -G\frac{m_1 m_2}{2R}$$

其中 T 表示系统的动能，而 V 表示系统的引力势能。利用开普勒定律

$$\omega^2 = \frac{G(m_1 + m_2)}{R^3}$$

可以将 R 消掉，得到

$$E_{\text{tot}} = -\frac{G^{\frac{2}{3}}\omega^{\frac{2}{3}}m_1 m_2}{2(m_1 + m_2)^{\frac{1}{3}}}$$

明显可以看出，总能量也并非跟双黑洞各自的质量有关，而是和前面提到的啁啾质量关联。因此，将啁啾质量的定义代入到上式，可以得到

$$E_{\text{tot}} = -\frac{1}{2}G^{\frac{2}{3}}\pi^{\frac{2}{3}}f_{GW}^{\frac{2}{3}}M^{\frac{5}{3}}$$

另一方面，计算得到引力波辐射的总功率为

$$P = \frac{32}{5}\frac{c^5}{G}\left(\frac{2\pi GMf_{GW}}{2c^3}\right)^{\frac{10}{3}}$$

根据 $p = -\dfrac{dE_{\text{tot}}}{dt}$，可以得到

$$\dot{f}_{GW} = \frac{96G^{\frac{5}{3}}M^{\frac{5}{3}}\pi^{\frac{8}{3}}f_{GW}^{\frac{11}{3}}}{5c^5}$$

或者

$$M = \frac{c^3}{G}\left(\frac{5}{96}\pi^{-\frac{8}{3}}f_{GW}^{-\frac{11}{3}}\dot{f}_{GW}\right)^{\frac{3}{5}}$$

这意味着我们可以通过观测引力波的频率以及频率的变化率得到啁啾质量。

引力波探测项目虽然得了诺贝尔奖，但因为颁奖的时候还没有找到电磁对应体，感觉这奖发得很匆忙。而且，引力波不能用来做通信，我们在

地球是上只能被动等待引力波的到来，这就好像"守株待兔"。所以短期来看，引力波不能造福人类，只能是满足科学探索的好奇心。当然了，我们国家已经决定投资探测引力波，长远来看，这对国家科技实力与工业实力的提升有正面的拉动作用。从100年的时间尺度来说，引力波在未来100年都是主流，就好像电磁波为人类服务了100年，现在还依然有用一样。

本书写到这里，也应该结束了。希望大家看了这本书，对相对论与引力波能有大致的了解。

附录1

无用之用：从引力波到量子卫星再到巨型对撞机

最近，关于巨型对撞机的事情可以说炒得沸沸扬扬。中国科学院大学的吴宝俊老师用一个段子概括了目前已经发生的争论："对于建对撞机，王孟源写了反对文章，没有得到王贻芳的回复，却得到了丘成桐的回复，丘成桐的文章没有得到王孟源的回复，却得到了杨振宁的回复，杨振宁的文章没有得到丘成桐的回复，却得到了王贻芳的回复，王贻芳的文章没有得到杨振宁的回复，却得到了王孟源的回复。"

其实，发生这样的争论是好事，因为通过争论，不但可以让真理越辩越明，而且对老百姓也起到了科普的效果。

2016年也许是科普的春天。在今年召开的科协九大与两院院士大会上，习总书记在讲话中也把科普提到前所未有的高度。这让科普作家也倍感振奋，但我作为一个科普作家，也经常会陷入迷惘，就是不知道自己的使命到底是什么（这个问题将在文末给出答案）。

在王宝强事件发生后，社会上正在形成一种舆论，觉得应该降低娱乐明星的待遇，提高科学家与科普作家的待遇。这种舆论的形成其实也说明部分老百姓的科学素养正在提高，老百姓对科学的价值有了更加清晰的认识。

当然，这种认识还不够强烈，老百姓对科学到底是怎么回事还缺乏清晰的逻辑。

在2016年年初发生的引力波事件中，我也参加了一些科普工作，当时感到心潮起伏。一方面我觉得很奇怪的是，引力波居然真的存在，而且符合爱因斯坦的广义相对论，这其实是让人十分怀疑的事情；另外一方面，我们接收到引力波，就可以开启电磁波之外的另一个看宇宙的眼睛。但我每到一个地方去做科普讲演，很多人都问我同一个我无法回答的问题——"引力波有什么用？"

这个问题真的很难回答，我后来只能胡扯。我说：引力波探测技术，能让我们探测到海底的核潜艇。

其实，在我内心深处，我还是很欣赏王贻芳院士在中央电视台《开讲啦》栏目中的那种回答方式——那就是很干脆的两个字"没用！"

是的，现在没什么用，但我们要去做！

我们国家就是这样去做的。

中国引力波探测计划"太极计划"已经得到了科学院相关经费的支持。我也曾经采访过该项目的首席科学家吴岳良院士，也与出身于刘润球研究组中的几个做引力波研究的年轻科学家进行了深入的交流，我还采访了引力波专家陈雁北教授。

在与他们交流的过程中，我感觉到，引力波研究目前确实没有实际用处，但真的可以开启我们的思维，丰富我们的精神。

我们派一部分人去"仰望星空"，然后让他们来告诉我们星空之中有什么，这有什么不好？

这里也稍微说一下科普的形式：引力波火遍大江南北的时候，二混子通过科普漫画的形式也创作了很好的引力波科普作品，他与"蝌蚪五线谱"进行了第一次合作，我当时也给他提供了一点小小的帮助。这种漫画科普的方式其实是很适合当下的互联网时代的。

话又说回来，我本人也在北京师范大学、春晖中学、中国科学院上海天文台、天津市科协等多地进行引力波的科普讲演，我总能感受到大家对引力波的憧憬与迷思，还有我总会被问到的那个问题——"引力波有什么用？"这个问题让我很害怕，一度让我觉得无法面对。

但是，凭良心讲，现在看来，引力波没有什么实际用处，但它可以激发我们的想象力，让我们能感受到特别巨大的宇宙，感受到人类自身的渺小，这本身就是很有意义的一件事情啊。

爱因斯坦曾经说过，想象力比知识更重要。

今年8月，量子卫星"墨子号"发射成功。在卫星发射之前，我的一个朋友张文卓在潘建伟院士的研究组里工作，他与我一起构思了一个用"隔壁老王"的故事来解释量子隐形传态的思想，后来这个故事被二混子的科普漫画采用，也起到了很好的科普效果。

当然，也有很多人跳出来质疑量子卫星没有实际用处。

真的很无言。对于科学，我们不能老问它有没有用处，什么是有用？难道能吃的能穿的就是有用，你买一本书看看，丰富你的思想，武装你的大脑，这是没用的？我们中国人穷了一个多世纪了，现在吃饱了饭，就不能做一些有想象力的事情吗？

科学本质上就是无用的，有用的那叫技术！

我们不能用养羊赚来的钱，继续养羊，我们要去读书啊，去读大学，去看外面的世界。我们应该开拓自己的思想，丰富自己的精神，这是科学能够给你的。

最近，又出来了一个巨型对撞机事件，这个事情我是稍微了解内情的，个人也曾经在这之前采访过丘成桐先生，也与王贻芳院士聊过，也参加过2016年国际弦理论大会的采访。当时像诺贝尔奖得主格罗斯、菲尔兹奖得主威腾，都是支持中国版巨型对撞机建设的。巨型对撞机不但是整个高能物理界的大事情，它还能改变这个国家的面貌，使我们中国成为科学的联合国成员，它能让我们的国民为我们的国家感到自豪。换句话说就是：巨

张轩中

型对撞机不会保卫我们的祖国，但它会让我们的祖国更值得保卫！这是一个历史性的机遇，但是很多人却站出来反对，说：哎呀，我们还穷，我们造不起对撞机，高能物理已经是"绝唱"，这个东西只能让一个人得诺贝尔奖，没有用处。

　　这种看法还是没有站在一个更高的维度来看整个事情。我相信，巨型对撞机只要去做，那它就属于科学，它就一定有它的价值；即使退一万步来说，没有实际价值，也会有思想价值，况且它不可能没有实际价值，它对上下游产业的拉动是巨大的。

　　如果你一定要问有什么用，那么我可以反问一个问题，你知道巨型对撞机里的电子发出来的光能用来做什么吗？你不知道，因为你没做，怎么会知道。

　　写到这里，我想我可以回答前面自己提出的那个问题了：提倡科学的"无用之用"，也许是我们这一代科普作家的使命。

附录2

太空时代近光速火箭的测控

　　未来世界，星际旅行将成为常态。比如在科幻小说《三体》中描述的那种距离地球 4 光年的"三体星"，火箭从地球飞到那里的时候速度必须接近光速，其相对论效应将非常明显。

　　如何在遥远的星际空间来测控一个近光速飞行的火箭，是一个很少有人讨论的问题。本文会给出一个基本的测控模型。

　　一个物体(火箭)的世界线(在时空中的轨迹)是闵氏时空中一条曲线(非测地线)。任取该世界线上的一点 P，存在一个瞬间静止局部的惯性参考系(火箭感觉自己静止，以火箭自己为参考系)。那么在这个瞬间静止局部惯性参考系中，此火箭本身相对于自己的三维加速度大小等于以地面为参考系的四维加速度大小：

$$a = \frac{\mathrm{d}^2 x'}{\mathrm{d}t'^2} = \left| A^a \right|$$

　　我们可以以世界线为双曲线的特例情况下来简单说明。

一、计算三维加速度

　　首先，我们先将双曲线上的点 (t, x) 参数化。

$$t = \sinh \theta$$

$$x = \cosh \theta$$

　　那么可以证明，双曲线世界线的固有时 $\tau = \theta$（换句话说 τ 是世界线长度）。

　　现在算的三维加速度就是以自身为参考系。$\{t', x'\}$ 是个瞬间静止局部惯性参考系。它与 $\{t, x\}$ 仅差一个洛伦兹变换！

容易列出 $t' = (t - \dfrac{v}{c^2}x)\gamma + t_0$

$$x' = (x - vt)\gamma + x_0$$

然后，记住我们的计算目标是求三维加速度：$\dfrac{\mathrm{d}^2 x'}{\mathrm{d}t'^2}$

由于过程比较烦琐，就不在这里列出来了。过程其实不难，只是不断地解微分方程就好了，读者们可以自己尝试下。

不过要注意下这里的一点点技巧。

因为 $v = \dfrac{\mathrm{d}x}{\mathrm{d}t} = \dfrac{t}{x} = \tanh\theta$

且洛伦兹因子 $\gamma = \dfrac{1}{\sqrt{1-v^2}} = \dfrac{1}{\sqrt{1-(\dfrac{t}{x})^2}} = x_0$

（我们一般在不引起误会的情况下可以把 c 看成等于 1 来简化。并且一定注意这个 $\gamma = x_0$ 只有在一瞬间，我们只能在最后的时候把这个代换）

最后，我们会得到 $\dfrac{\mathrm{d}^2 x'}{\mathrm{d}t'^2} = 1$。

二、计算四维加速度 A^a

下面在算世界线的四维加速度的时候，就需要一些新知识了。

$\because$ 四维坐标 $x^\mu = (t, x, 0, 0)$

$\therefore$ 四维速度 $v^\mu = \dfrac{\mathrm{d}x^\mu}{\mathrm{d}\tau} = (\dfrac{\mathrm{d}t}{\mathrm{d}\tau}, \dfrac{\mathrm{d}x}{\mathrm{d}\tau}, 0, 0) = (x, t, 0, 0)$

（应该不难发现为什么求导后是这样吧？如果像前面那样把 t, x, τ 都参数化，那么如 $t = \cosh\theta = (\sinh\theta)' = x'$）

∴四维加速度 $A^{\mu} = \dfrac{\mathrm{d}v^{\mu}}{\mathrm{d}\tau} = (t, x, 0, 0)$（是不是很神奇，居然又跑回去了，与四维坐标相等）

那么压轴戏来啦！

$$\left| A^{\mu} \right| = \sqrt{\left| g_{ab} A^{a} A^{b} \right|}\text{（这里用到爱因斯坦求和）} = \sqrt{\left| g_{00} A^{0} A^{0} + g_{11} A^{1} A^{1} \right|}$$

（本来把爱因斯坦求和全部列出应该有 16 项，但是，在这里其余的都为 0！为什么？这就是因为 这个闵氏度规，在我们这个平面问题中只有 2 项非零。还有这里的 A^{a}，当它等于 0 的时候就是 t，当它等于 1 的时候就是 x，当它等于 2 时就是 y，当它等于 3 时就是 z）

$$= \sqrt{\left| (-1t \cdot t) + (1x \cdot x) \right|}\text{（这里先就告诉你 } g_{00} = -1,\ g_{11} = 1\text{）}$$
$$= \sqrt{x^2 - t^2} = 1$$

三、结论

我们可以发现，上面 2 种计算方法得到的结果都是 1。那么这意味着什么呢？

这就意味着在瞬间静止局部惯性参考系中，此火箭本身相对于自己的三维加速度大小等于以地面为参考系的四维加速度大小。

因此，我们可以在火箭上安装加速度计，在火箭自身为参考系的时候测出自身的三维加速度大小，然后在地面的控制中心算出它的四维加速度大小。这两个加速度如果相等的话，就意味着飞船是在预定轨道上，这样我们就完成了对近光速火箭的测控，也就可以奔赴遥远的"三体星"了！

附录3

我的青少年时代

1992 年，我 11 岁。那时候的我正在读小学 3 年级，物理是什么，我还全然不知，从村里的小学到家里有一条荒芜的小马路，我来回走了 3 年，跑了 3 年。有一天，我在路上捡到一个金色的戒指，拿回家去，我妈妈说，那是一个赝品。

到了 1993 年，我去了樟塘乡的中心小学读书，那时候开始有自然科学这门课，不过我现在已经忘记了课程里所教授的任何内容。只记得当时的书本或者教室的墙壁上有牛顿的名言：我只是一个在海边玩耍的小孩子，不时为捡到了美丽的石子或贝壳而欣喜……牛顿，据说是一个科学家。而至于科学家是做什么的，我也不太清楚，大概就是造航空母舰的吧。

我们这个乡，现在在地图上已经找不到它的名字。这个乡叫樟塘乡，是在绍兴地区。绍兴这一带的经济，与苏州不同，苏州有电子工业，绍兴则是没有的。在我们绍兴，最多的可能是纺织印染企业，所以有一个中国轻纺城在绍兴，在 20 世纪还是非常有影响力的。也正因为我不是出生在苏州那样的城市，所以我从小就对电子工业毫无概念，也从来没有拆过收音机。

那时候，我对物理还没有什么兴趣，我有一个叔叔，是绍兴师专数学系毕业的，所以，数学对我来说，相对要直观一些。

我的叔叔对我的学术道路有很大的影响，因为他是我们村里早期的大学生（可惜他已经去世，他在东关中学的一个同学沈晓明已经成为海南省省长，想到这里我总为命运唏嘘）。

不过，我从来不去请教我的叔叔任何数学问题，不知道是什么原因，可能是我对数学还停留在莫名其妙的阶段，连问题也问不出来。

那时候，有一个邻居大哥，大我 5 岁，是一个武侠小说迷。他有一辆摩托车，于是经常带着我去附近的乡镇的图书店租武侠小说看。而且，他家还有录像机，可以放那种录像带，于是，那些打打杀杀的东西陪伴我度过了童年时代。

迷迷糊糊中，我的童年结束了。1994 年，我开始上初中了，中学边上有一座山，看起来像一头牛。有一天，我舅舅，一个高考失败的青年，给了我一本数学书。此数学书，是一本数学习题集。那时候我是一个相对孤独的小孩，因为父母经常几个星期不在家。到了晚上，我无所事事，就在昏黄的灯光下依据我舅舅给我的那本数学习题集开始做数学题，我发现那里面有一些微积分的题目，于是也就把能做的微积分全部做了一遍。

自学了微积分以后，我犹如鸠摩智学会了六脉神剑。因为没有任何良师的指导，使得我当时突然觉得自己成了一个伟大的人，当别人开始学双曲线的时候，我可以开始考虑双曲线的弧长了。这事情要是发生在大城市里，一点也不稀奇，但在我们那个牛山中学，这不容易。

牛山中学与别的学校是不一样的，它的门口是一条宽阔的大马路，把东关和长塘联系起来。这马路上经常有汽车和拖拉机疾驰而过。东关则是女儿红的故乡，女儿红是绍兴黄酒，在江湖上颇有名声。我一个姑父在酒厂做工，从他身上我无法想象出女儿红到底与一般黄酒有什么不同。而牛山中学是建立在牛山的山脚。

牛山中学的校长，在当地是知名的知识分子。我不知道他是什么学校毕业的，总之看上去就是一个乡村教师，他的家在我小阿姨家的后门，而且他有亲戚在我家隔壁，因此他是知道我的。初中一年级的时候，一开始由他教我们数学，他讲绝对值的时候，我几乎信心崩溃，我无法理解为什么要引进绝对值，一度失去读数学的信心。我很怕他失望，于是很害怕。绝对值的几何意义，我理解了很久才开始明白，用几何化来思考数学问题是很美妙的。后来校长不教我们了，我们换了新的数学老师，是一个明媚的女子。据说她老公开了一个电子游戏厅，那是我去春晖中学读高中以后的事情了。

在牛山中学时，中午是要蒸饭的，我每天早上要去淘米。冬天的时候，天气很冷，总有冻僵的感觉。在淘米的路上，可以看见一个女孩子，是我一个同学的梦中情人，后来居然也成了我的梦中情人。于是我每次都渴望在淘米的地方遇见她。她是我的学妹，比我小一个年级。作为学长，我非常怕见到这个学妹，也许是我喜欢上她了。

我奶奶独居在村里河边的老屋里，爷爷早已经去世，我叔叔大学毕业后也成了人民教师，在牛山中学里教数学。

有一天，我发现在奶奶的老屋里有很多旧书，是我叔叔大学时代的数学课本，是吉米多维奇写的那样的数学书，还有很多是繁体字版本的。我于是把这些书全部从屋子里拿出来，胡乱地读了起来。啊，最速降线，啊，三重积分。

由于得到了"武功秘籍"，我相信自己将大有可为。不过我从来没有告诉我叔叔我拿走了他读大学时的教材，我还偷看了他的笔记。里面有很多诗，比如，赵翼的"江山代有才人出，各领风骚数百年"，比如，李贺的"男儿何不带吴钩，收取关山五十州"……我叔叔抄写的这些笔记是他大学时代的笔记，我看到了他的雄心和抱负。但这些数学书上已经尘埃满覆，我相信叔叔已经把它们忘记。

男儿何不带吴钩，收取关山五十州。请君暂上凌烟阁，若个书生万户侯？

我读到我叔叔抄写的这首诗，其中有一个字我不确定，那就是"吴"字，我叔叔写得比较飘逸，在我看来好像一个"关"字。这首诗是语文课本上没有的，而且，1995年，中国还没有普及互联网，我查不到这个字，到底是"吴"还是"关"。

在当时的中国农村，我依靠自己的力量来消解这些不确定性，从而让自己缓慢成长。在微积分的问题上，也是如此，对变分方法，更是如此。

因此，可以想象，在当今的中国社会，在少数边远的山区，那些不能上网、没有良师教育的孩子，也在如野草一般生长。

我的未来到底要朝何处去，这成为一个巨大的问题。

在我家方圆5千米的神奇的土地上，出现过竺可桢那样的哈佛博士，但他其实在我们村并不出名，村里人从来不说竺可桢，村里人根本不知道什么是哈佛，在他们的心中，最牛的学校只有两所，一所是北京大学，一所是春晖中学。

于是，我要去春晖中学！

春晖中学为什么牛？这个问题非常复杂。但当时我能去的最好的高中，就是春晖中学。那是在白马湖边，杨柳依依，一个烂漫得要死的地方，那里出现过朱自清和丰子恺。那画面，真的很像是那康河边的cambridge。

在河畔的金柳，软泥上的青荇，夕阳中的新娘……这些，在春晖中学，都是有的。

在牛山中学读初中三年级了，春晖中学开始在向我招手。我第一次踏进春晖中学，是去那里参加了一次春晖杯的知识竞赛，结果只获得三等奖。

我后来拿到了这张得奖的学生名单，把它贴在我卧室的墙壁上，暗暗喜悦。同时，那些排名在我前面的学生，都是我要超越的对象。

1997年，香港回归了。奔腾向前的中国正在发生巨大的变化，在这个风起云涌的时代中，我则悄悄地以一个中考发挥失常者的身份，考进了著名的春晖中学，那是浙江省省级重点中学。在我们村的历史上，这样的事还从没有发生过。

我的中考发挥得不理想，当时我有点害怕自己上不了春晖中学，那样的话，我就会完蛋。作为一株野草，其实我很脆弱，考不上春晖中学，对我来说是一个晴天霹雳，但我终于还是考进去了。

春晖中学，真的是古色古香的，那是80年的历史名校。有着古朴的木地板的古旧教学楼临湖而建，穿过弓形的春晖园的大门，你可以看到电视剧《围城》里三间大学方鸿渐等人住的楼……这是一个历史与现实纠结在一起的梦幻之地。

但是，春晖已经不是80年前，那个漫画家丰子恺和文艺明星弘一法师等人驻留的地方。这里的教师，看上去并不出色，他们之中，看起来似乎没有离经叛道的怪人，也没有学富五车的牛人……

好吧，那就接受吧，反正，这对我们这些年轻学子来说，这只不过是一个驿站。我们最后是要走向远方的。

但是，如果用20年后的眼光来重新审视春晖中学，会发现它依然是一朵奇葩。在白马湖里游泳的少年们，一定满怀了理想和信仰，在象山山顶俯瞰过整个校园的少年们，一定会感到这依然是一个充满了希望的起点。

努力！

奋斗！

在春晖的历史上，有一些人是能考上北京大学的。当然，我依稀感觉到，我可能是考不上的，这种一开始就形成的失败感，其实是有原因的。

春晖中学的北门，有一条小河，河上有一座春晖桥，过了桥再往东北方向走，会路过李叔同的晚晴山房。这是一条羊肠小道，很多次返校的时候，我一个人走在这条乡野小路上，路边是茫茫的湖泊和绿油油的田野，天空永远湛蓝，飞鸟在草垛上盘旋，养鸭的草棚里睡着一个慵懒的人……从杭州到宁波的火车，会从身后呼啸飞过，留下渐行渐远的呜呜……这里，很像是鲁迅小说里的日本的仙台，我这时仿佛是出了国，在日本的仙台医学院求学。我其实也是有轻度的抑郁和多愁善感的。

和郁达夫的《沉沦》里描写的那个少年一样，在学校里我开始越来越觉得自己和这个世界疏离，一种绝望的消极感开始在心中蔓延。随着年龄的增加，我似乎决定自己要成为一个孤独者。在牛山中学读初中的时候，我是被人注视的对象，身边有一群小混混朋友，他们对我很是羡慕，说我读书好脑子好，现在却没有了。

周末的时候，要从家返回学校。那时候，我的妈妈有时候送我到国道线的路口，送我去搭大巴，路上的人看见我和我妈，都会说："去春晖啊！"是啊，从家到春晖，要坐一路的大巴，一定要路过一条水流滚滚的大河，这河流叫曹娥江。在郁达夫的故乡，有一条江叫富春江。如果说，富春江山居图很有诗情画意的话，那么曹娥江则多了一些山野草莽的气息。在汉朝的时候，这江里曾经淹死过一个 14 岁的少女，名叫曹娥。这个少女为了救她溺水的父亲而死，所以是至孝之人。附近有一个曹娥庙，接待四方的香客，蒋中正也来过这里，并题字"人伦之光"。和富春江一样，曹娥江也是钱塘江的支流。从我的家，一定要走过这条河流，才能去春晖中学。

我的消极，来自于一个中国学校里的潜规则。

在初中的时候，我在班级里的学号是 2 号，这个学号的意思是说，当年我考进初中的时候，考试成绩在班级里排名是第 2 名。而到了高中，我在班级里的学号变成了 26 号，则意味着，我考进高中的时候，考试成绩在班级里排名是第 26 名。这让我很伤心。

我再也不是班长了，再也不是佼佼者了。这种多愁善感的情绪，持续了几个月，在第一次期中考试中，我考得还不错，开始有点逆转这颓势。这个高中时代，根本没有时间思考本来应该思考的问题，我开始陷入了一场漫长的混战中——那就是考试，排名。

对于未来成为一个什么样的人？做什么职业？我开始有了朦胧地思考。

鲁迅显然对我也有了潜移默化的影响。鲁迅的家，我是上小学的时候就去过了。而为什么鲁迅那么出名，当时的我是不理解的。他是我的同乡，和我说一样的语言，他是一个作家。我上高中的时候，并不关心鲁迅，他是一个符号，是一种说不出来的味道，他很冷淡，也不幽默，他不懂技术，我不知道他到底是什么。他也许是一个仙台医学院里读不好书的年轻人。而我也是，渐渐的，我成了在春晖中学读不好书的一个年轻人。

我读不好书，意味着我考不进北京大学。

为什么我一开始就认定这个结果，而不去努力，当时是不清楚的。也许，我认为就算努力，也不会有好的结果。

那么，我要如何成为一个伟大的人？这成为一个怪异的问题。

18 岁的年纪，无法想清楚很多人生命题，无法看懂很多电影。深深的迷茫，如影随形。我可以去问谁？我真的不知道。我可以说什么？我也不知道。

谢晋，是一个著名的电影导演，也是春晖中学的校友。有一天，他来了。我站在花坛下面，听他站在花坛上给我们讲几句。他说，他年轻的时候，读书的条件很差，现在，我们的学习条件已经很好了，有明亮的教室，有图书馆……所以我们可以用功读书了。

我听了。但是我不知道谢晋说的话，到底有没有破绽。

过了大概 3 年，等我上了北京师范大学，我才明白，其实，谢晋学长的话有破绽。这个破绽在于，当时我们的物质条件确实已经不错，但我们的软环境非常糟糕。在高中里，我们没有学术精神，没有自由辩论，没有学术争鸣，没有自由支配的时间，没有良师指导……

我们早已经失去了进步的动力。

作为年轻人，作为孤独者，我正在无力地设计自己的人生轨迹。

谢晋走了，后来在春晖中学的大礼堂里放了一场他新拍摄的电影，名字叫《鸦片战争》。

当时只道是寻常。

后来我又看了几部学长拍的电影……

20 年后，我才渐渐认识到，谢晋学长就是那个拍《芙蓉镇》的谢晋。

谢晋学长其实和鲁迅一样，有打破现实世界藩篱的勇气和行动，而这是我所不具备的，换句话说，我只能看到藩篱，从来不敢逾越。

春晖中学的北门外，是一个阴凉的地方，大树站在小路的两边，把阳光遮得斑驳凋零。路边有一些卖书的小贩。

这是在大约1999年，你可以买到的一本来自北京大学的书，是余杰的《火与冰》，还有类似于许志远之类的，那时候孔庆东也是有文章的，不过这些北京大学的文章，我其实也无法产生很多共鸣。1999年，对我来说，真正可以读的书，乃是一个年轻人的作品，一个同龄人的辍学之作，名字叫《三重门》。

好吧，这个年轻人，叫韩寒。

上海松江的这个少年，那比我们，不知道高哪里去了。

作为一个现象，韩寒的作品（我其实是高考结束以后，跟我的堂姐去了一趟新昌大佛寺，在附近的书店，才买到这本书的。这个时候，我已经不需要再辍学了）让我在高考以后的那个暑假陷入了艳羡之中，我其实很喜欢他这种拿自己的生命去验证某件事情然后去直面生活的勇气，虽然我做不到他的样子。

我在高考语文作文里写了一个因为考试成绩不好而跳楼的少年，文笔优美，这篇作品显然为我的语文高考增加了考试成绩，如果没有记错，我的高考语文成绩应该是123分。

这就是我与韩寒的区别。

这一点我自己已经是清楚了的。

当然，没有人给我一个辍学的机会，我如果辍学了，我可能就要去打工，要搬运砖头或者挖泥。对我来说，韩寒不可模仿，他的成功不可复制。

但是，这个时候，我也成了一个写作爱好者。因为从地理上来说，我具有成为作家的前提条件，这个条件是这样的：鲁迅是绍兴人，是著名的作家，我是鲁迅的同乡，于是我也想成为鲁迅那样的作家。

我也想成为另一个韩寒。

四

于是，对于高中时代的我来说，另外一个问题出现了，我的理想，是要成为一个作家，还是一个物理学家？

这两个行业的差异如此之大，让人大跌眼镜。

而我为什么想要成为物理学家？这似乎一开始与我自学了微积分有关系，我开始有了理论物理的偏好。同时，我还听了春晖中学校长的物理课程。

春晖中学的潘校长，是一个传奇。他在"文化大革命"的时代，是一位木匠，后来革命结束了，他去读师范大学，毕业后去了一个破学校当物理老师，本来人生黯淡极了，但其所教授的物理课程，却高屋建瓴、纵横天地、气势如虹，在高考和竞赛中他的学生们的表现很不错，于是后来他就一步一步高升，调入春晖中学，后来成为校长。

潘校长确实是一个奇才，我读书的时候，并不太晓得他到底有多厉害，只觉得他笑容可掬，而至于他到底懂多少物理，我是不确定的。后来我上了大学，看电视的时候，发现他成了全国人大代表，出现在电视镜头里一晃而过，我开始相信，他果然是一个很厉害的角色。

潘校长在学校，是没有多少时间开课的，但他还是开了一门选修课，课程名字是"科学方法漫谈"。我选了他的这门课，去听了几次，就被震撼到了，觉得校长的物理，那比其他人不知道高到哪里去了。有一次校长讲到了爱因斯坦的等效原理，大意是说：在一个自由下落的电梯里的人，是感受不到地球引力的。所以在这个电梯里抛出去的一个苹果，在电梯里走的是一条直线。

当时的我，对卫星和万有引力的一些问题已经掌握得滚瓜烂熟，用左手就能写出牛顿引力方程，闭着眼睛就能写出圆周运动公式，可以说已经触碰到学术的天花板，但对校长这个时候讲的等效原理，却充满了好奇。这明显是在讲非惯性参考系，校长同时还说，爱因斯坦的广义相对论埋藏在这里。这使得我有点莫名其妙，爱因斯坦的广义相对论，我是不懂的。

震撼！

迷惘！

这是我第一次在混沌的生活里遇见广义相对论的倩影。

后来就陆续听了这个科学方法的课程，校长还讲了一些等效质量的东西，那是 $M=m_1m_2/m_1+m_2$，这类的东西，应该就是柯尼希定理一类的大学里的内容。我当时并不理解这个定理的细节，但用这个结果去计算一些两体问题的时候，答案总是对的。这让我对校长的物理水平更加有点暗暗的敬佩。我当时还没有很清晰的非惯性系和惯性系的观念，但马上写了一篇类似的文章，用这个等效原理去解决高中的力学问题。

我把文章在纸上写好以后，决定投稿给当时很重要的中学生杂志，由邓颖超奶奶题词的《数理天地》。

当时在我家甚至我们村里根本没有电脑，我有一天不知道为什么去市里，找到一个姐姐，她是一个文员秘书，擅长电脑打字，于是我央求她帮我打字，短短的几百字的文稿，加上一些数学公式，我也不知道她是怎么敲打出来的，姐姐打字以后，把文章打印在 A4 纸上交给我。

我把这张 A4 纸塞进了一个信封，收信的地址是北京中关村的《数理天地》编辑部……

投稿以后，我都忙得快不记得这件事情了，有一天晚上，我正在上晚自修，我的班主任老倪拿着一封来自北京的信找我，我打开信封一看，呀，是一本《数理天地》的杂志，我的文章发表了！

老倪对我发表的文章也有点好奇，问是什么文章，我谦逊地说："是一篇物理小文章！"

这是我第一次在学术小刊物上发表文章。

也是我第一次与北京产生了联系。

"同学们，今天有一个中国科学院的院士来我们学校做报告，我们全年级的同学逸夫楼听报告去！"一个声音说。

在我读高中的时候，听学术报告是一件非常难得的事情，在当时的文化和技术的沙漠中寻找湖泊，连一滴水都弥足珍贵。当初的情景完全不同于现在，现在在超星网和 YouTube 网络上，都可以看到不少学术视频。但1999 年，中国的互联网刚刚起步，很多人根本不可能接触到电脑，更别说学术视频上传到互联网上了。

于是，就去听报告。

陈宜张是一位神经生理学家，他在当时已经年逾古稀，他在新中国成立前曾经在春晖中学读过几天书，于是也算是春晖中学的校友。他当时来春晖中学做一次科普讲座，这是我在春晖校园内的三年中偶遇的唯一一次院士学术讲座。

潘校长介绍完陈院士后，我这才第一次知道，原来春晖中学这样的乡村中学居然也出过科学家。

那个时候，我已经读过一些杂书，比如霍金的《时间简史》一类的书，对量子力学的所谓薛定谔方程也是有所思考的。只不过这些学问对我来说，有一种莫名的隔膜，仿佛一切都是在雾水中。这些冷冰冰的学问为什么不那么亲切，可能是因为我既没有见过霍金，也没有见过那书里夸奖霍金有天赋异禀的那些外国人，我更没有见过薛定谔……

那个时候的知识，完全就是隔膜的，抽象的，糊涂的。

院士的讲座结束以后，到了学生自由提问的环节。

当时敢于提问的学生寥若晨星，在比较沉闷的气氛中，校长的脸上显得有点凝重。我于是壮了壮胆，站起来拿起麦克风一连串提了3个问题。

"请问神经信号的传播速度是不是就是电流的传播速度，还是光速的传播速度？"

"著名量子物理学家薛定谔曾写过一本书《生命是什么》，请问物理学对生命科学的研究有没有什么影响？"

"人类到底存在不存在所谓自由意识？"

同学们听到这3个问题后，开始交头接耳，窃窃私语起来。

陈院士详细地回答了我提出的这3个问题，这时候我发现校长一直在看我，院士也一直在看我……我不知道要把自己的眼神放到哪里。

讲座结束后，校长亲自找到我说，要我把当时提出的几个问题整理一下，发表在当时学校的报纸《春晖报》上。

这是潘校长与我唯一的一次正面的交流。我毕业以后，再没有见过潘校长，也没有再见过陈院士……

虽然生活偶然有点精彩，但多数时候还是非常平淡的。而我的内心世界却充满了不安，我似乎是一个浮躁的年轻人，很想知道未来到底是什么。

春晖中学的逸夫楼的南面是一块绿油油草地，朝四周看，则是远山环抱，看不到尽头，抬头看，则是一片蔚蓝的天空，也看不到尽头。三三两两的青年，在草地上读书，周围的人行动也很缓慢，这里仿佛是一个凝固了的世界。逸夫楼的北边，则有一个大坑，这个大坑很深，里面蓄满了水，这是一个游泳池，这个游泳池在教学楼的门口，自从我进入春晖中学以来，从来没有看见有人在这池里游泳。这游泳池里长满了柔弱的水草，缠绕着要探出水面。

我有时候觉得自己也宛如一根水草，随时都有可能会溺水而亡。

所幸的是，机会也不是完全没有，1998年的夏天，我去了绍兴城里参加一个数学夏令营，但后来我在数学竞赛中的表现并不佳，因此这一次夏令营也是乏善可陈，只不过在那寂寞的异地，遇见了一个来自上虞中学的女生，后来成为笔友，回到学校后通过几次信笺后无疾而终，因此其意义也寥寥。所以这一切仿佛都未曾发生过。

1999年的暑假，我作为物理竞赛班的学生，到浙江大学参加了夏令营。那是在杭州，在这之前，我从来没有去过杭州，这一年我18岁。

浙江大学的老校长竺可桢也是我们东关人，他给这所学校涂上了东方剑桥的色彩。

这是我第一次近距离地接触到大学生活，作为一名高二学生，大学对我来说是神秘的。在浙江大学的这次夏令营里，来自全省的物理人才很多，有教授给我们讲课，所讲授的内容，我则全部忘记了。唯一有记忆的，则是所谓戴维南定理，这是线性电路系统中的一个等效原理，被我欢喜。

我们住在一个很破旧的大学宿舍里，晚上有一些蚊子，这给我们对大学生活的幻想涂上了现实的颜色。

大学，不过如此！

在夏令营的时候，能看到很多来自别的中学的女同学，多数长得曼妙动人。就这样在莫名其妙里，度过了一段时间的浙江大学的生活，所读的物理基本全部忘记，倒是在一天晚上看了一场杨振宁在浙江大学演讲的录像，觉得心潮澎湃！

啊，杨振宁！

一个活灵活现的人！

一个活灵活现的物理学家！

这是我第一次在屏幕上见到他。以前我只是读过他的传记而已。

这个暑假就是在这样的梦幻中度过，在浙江大学，我又买了几本书，其中有一本书是关于李政道的。

回到春晖以后，当时我又觉得自己已经失去了在物理上继续前进的动力，我总觉得自己时刻被一团莫名的糖浆包裹住，黏稠得让我不能快速前进，我从学校的图书馆借到一本讲偏微分方程和麦克斯韦方程组的书，但因为没有老师的指导，我无法自学明白，这让我很痛苦。在那个时候，我是学有余力的，非常想马上搞清楚整个物理学的大厦的结构……但因为没有良师的点拨，我一个人孤独地成长。

就在这徘徊不能前行的困顿中，我于是只好去读一些文科的书。我在春晖中学北门的地摊上，买到了几本徐志摩的散文集，我被深深地吸引住了！

从浙江大学回到春晖中学以后，我越发在迷糊中觉得自己需要在历史

（时空）上留下自己的名字（痕迹），而数学竞赛和物理竞赛要得到全国性的大奖，似乎很难，高考的不确定性依然存在，这让人有一丝隐忧。

就在这迷糊中，当时我的脑子里一半是文学，一半是物理，因此，我在《春晖报》上发表了一篇小说，名字叫《莎扬娜拉》。

"最美的是那一转身的回眸 / 像一朵水莲花禁不住寒风的娇羞"

当时我的这篇小说《莎扬娜拉》的文笔迤逦，思想怪异。现在我唯一能想起来的就是，男主人公与女主人公好像是在一所大学的夏令营里相遇的，他们有朦胧的情感，最后他们分手了，分手的原因可能是因为热力学第二定律的无情作用，因为热力学第二定律会让事情越来越糟糕。由于文章对真实的生活缺少理解，有点像沙漠里开出一朵花，寿命长不了。我的这篇小说已经被我自己忘却。但当年刊有这篇小说的报纸被展览在学校的橱窗里，每天晚上下了晚自习，路过那橱窗的时候，我总会小心翼翼地看看到底有多少同学在那里读我的小说。

我的小说《莎扬娜拉》是徐志摩作品的同名作，后来，在我的语文老师史老师的帮助下，我又在《春晖报》上发表了另外一个作品，名字是《云游》。当然，《云游》也是徐志摩的同名作品。

这2篇文章，用20年后的眼光来看，是矫揉造作之作，而且已经被历史的尘土覆盖，连我自己都忘却了自己写的到底是什么。我写那些作品时候，是一个高三学生，那些是我的处女作。

我当时发现自己的思想之杂，感情之浮，确实已经犹如一个诗人徐志摩。

对于徐志摩，我当时已经相当了解他的思想和人生轨迹。他的笔名与我在初中时代给自己取的笔名张轩中一样，字面意思都是志向高远的意思。在朦胧中，我觉得我也是一个轻浮之人，也是一个有着"爱，美，自由"

单纯信仰的青年，所以我开始幻想自己就是另外一个徐志摩了。这是那个时代的我的第一次矫情模仿，与其说徐志摩成了我的偶像，不如说我从徐志摩身上开始看到了自己的影子。

其实，用20年后的眼光来看，我与徐志摩其实是大不同的，这大不同在于我们的家境不一样。过了很多年，我才想明白，徐志摩与我没有一毛钱的关系。

1988年后，我就住在我家的2层小楼里。

父亲做过木匠，卖过笋，开过船，挖过泥……

我家，在当地人看来，在经济上已经接近于掉底没落的人家。我的爷爷很早就去世了，而去世的原因，据说是因为急性脑膜炎。他去世的时候，我的父亲只有11岁，上小学四年级，后来父亲就辍学了，这是一个悲剧的起源。

我的爷爷死后，我的父亲变得很消极，因为爷爷的早逝，使得年幼的父亲缺乏安全感。实际上父亲一直都觉得自己是一个失败者——虽然他从来不说自己是失败者，他似乎从来没有觉得什么事情是值得开心的。后来我考上大学，他在家办了一次喜酒，不知道他那时候是不是开心的，还是仅仅只不过是出于一种世俗习惯——他对生活也没有任何要求，忍辱负重、听天由命，而且经常沉默不语。

我家没有徐志摩家那样的豪宅。徐志摩那高帅富的出身，与我的出身形成的强烈对比，使得我开始要去直面那些生活的真相。而这生活真相的一部分，则是我上大学时候的学费。确切地说，我父母只能勉强维持我读大学的费用。

所以，我的高中生涯以班级第3名，年级第7名的高考成绩结束时，我可以选择一些我想去的大学，我在志愿表上填写了北京师范大学。

因为，我的一个老师说过，北京师范大学毕业以后，是要教大学生的。

因为，历史课本的注释告诉我，北京师范大学以前是京师大学堂的师范馆啊……

后来，我就来到了北京，开始了我的大学生活……

后记

对于曾经有点理想主义的我来说，我当初是想成为一个研究相对论的学者。正常情况下，我的命运也许会像我的师兄曹周键那样，做做引力波的数值相对论研究，然后成为大学里的教授。

但是，后来事情的发展根本就不是这样的，我在十分被动的情况下，慢慢地离开了学术圈，成了一个科普作家与科学记者。这背后也许有一种无奈，也许也是自然而然的事情，因为我曾经确实是一个既懂科学又喜欢文学的少年，所以我成了现在的样子。

当写完这本书的时候，我有一点失落，是因为我似乎没有写清楚相对论到底是什么，只是做了一些浮光掠影的描述。

我想，相对论是与时间有关的。

电影《星际穿越》与《盗梦空间》的导演诺兰曾经说过："时间也是一种资源。"

对于中国人来说，这句话可以有很大众化的理解，那就是自邓小平时代所形成的那种"时间就是金钱，效率就是生命"的理念，这种意识形态也已经改变了中国人的精神。从某种意义上说，诺兰的电影所表达的，并不是这个意思。

2016 年 5 月我曾经与吴岳良院士、孟新河老师在天津科协组织的一次关于引力波的公众演讲活动中表达了我对时间的看法：时间与石油资源一样，都是一种有形的资源，通过个人的行动，可以赋予个体生命更长的长度。简单地说，如果在未来 100 年内，人类的航天技术能够实现依靠受控核聚变的无工质推进，人类的飞船能够以接近光速的速度运动，那么，亿万富翁们就可以乘坐这种高速飞船去外太空游历一番，他们也可以在黑洞附近转一圈再回到地球。这些去外太空旅行一圈的人回到地球，差不多依然是出发时的样子，而地球上却已经过去了 30 年——也就是说，他们可以穿越到我们这个地球的未来。

于是，我提出了"广义相对论金融"的概念："广义相对论是一个未来学科，在未来社会，一定会出现以这个学科为基础的金融学。"

假设小王与小李今年都是 30 岁，有钱人小王有 800 万人民币，在未来某个时期，太空技术很发达，小王可以拿 400 万买一支稳健的股票，再拿另外的 400 万交给太空旅游的公司去外太空绕着黑洞旅游一圈再回到地球。等小王回到地球的时候，年龄只增加了 1 岁，而地球上已经过去了 30 年。这就是广义相对论效应——个人可以操作自己的时间。小王买的股票已经由 400 万涨成了 4000 万，他只花了 1 年时间就赚了 3600 万，差不多相当于地球上的人 30 年赚的钱，他分享了地球人 30 年的经济发展成果。而留在地球上的小李已经老了，可能小李的女儿会嫁给小王。这就是"广义相对论金融"的核心思想：个人可以通过操作自己的时间在股票市场上获得长期收益，因为时间也是有价值的。

虽然这只是一个假设，但在未来时代，这样的事情是很有可能发生的，未来的金融很可能就是"广义相对论金融"，人与人之间的阶级差距会被放大，有钱人可以通过太空旅行穿越到人类社会的未来，从而享受全社会创造多年的财富。

广义相对论其实就是研究如何操纵个体时间的一门学问。

对于我这样的 80 后来说，穿越剧可以说是伴随我们成长的，刚上大学的时候遇见《大话西游》，后来遇见《终结者》，再后来就是《寻秦记》，一直到《不能说的秘密》《星际穿越》。可以说，这些影视作品都提出了一个严肃的问题，那就是，究竟什么是时间。未来 100 年，我们需要问的一个问题是："作为一个人，我们怎么才能够实现对时间的操纵？"

研究"时间"的物理理论，是爱因斯坦的相对论。

因此，这本《相对论与引力波》是给中国的年轻人写的科普书。这本书有很多我个人的印记，我甚至还加了一个附录来回忆我的青少年时代。我希望本书的读者能思考这种"高速飞船的远距离太空旅行所带来的时间上的不平等"问题。因此，对引力波的研究与学习不会是毫无现实价值的。

本书是我在业余时间创作的，写得比较仓促，如有失误之处，请读者们多多包涵。